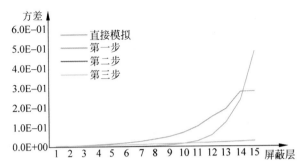

图 4-9 单材料问题直接模拟与自适应模拟的方差分布

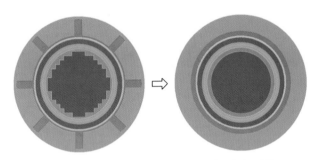

图 4-12 HBR2 基准题径向非规则几何规则化

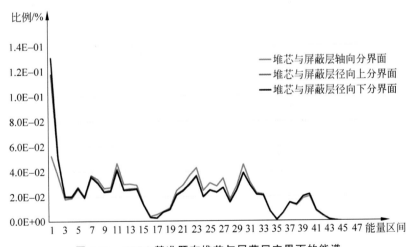

图 4-15 HBR2 基准题在堆芯与屏蔽层交界面的能谱

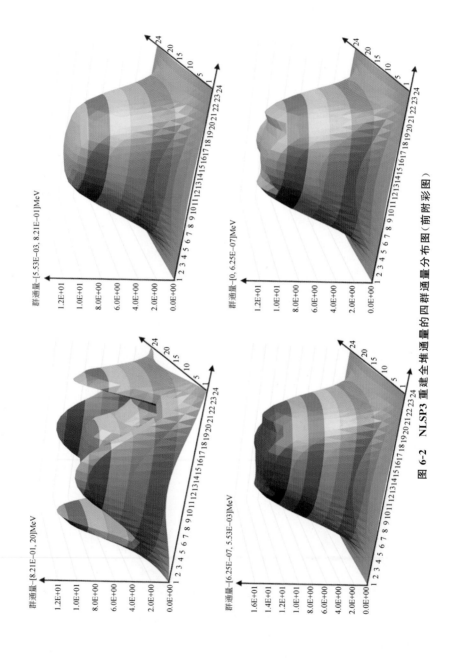

图 6-2　NLSP3 重建全堆通量的四群通量分布图（前附彩图）

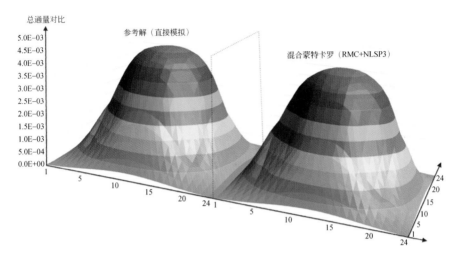

图 6-3　RMC 直接模拟与"RMC 全堆均匀化-NLSP3 全堆计算"的总通量公布对比图

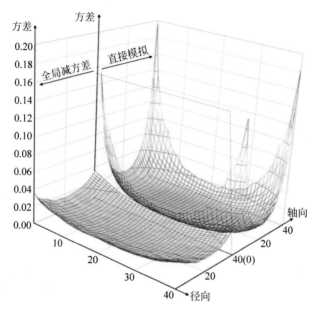

图 6-9 直接模拟法与全局减方差方法计算所得方差分布对比图

清华大学优秀博士学位论文丛书

RMC屏蔽模块再开发
与先进减方差方法研究

潘清泉 (Pan Qingquan) 著

Redevelopment of Shielding Module and Research on Advanced Variance Reduction Methods Based on RMC Code

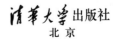
清华大学出版社
北京

内 容 简 介

核能工业对精细化辐射屏蔽分析有着巨大的需求。蒙特卡罗方法因具有高保真性和鲁棒性,被广泛用于反应堆物理和辐射屏蔽分析中。在采用蒙特卡罗方法进行屏蔽计算时,面临着深穿透难题,需进行减方差方法研究。本书基于自主反应堆蒙特卡罗程序 RMC,开展屏蔽模块开发与先进减方差方法研究;完善了 RMC 程序的中子-光子-电子耦合输运计算功能,提出了多项先进减方差算法,提高了 RMC 程序的计算效率。

本书可供反应堆物理和辐射屏蔽领域的科研人员和研究生参考。

图书在版编目(CIP)数据

RMC 屏蔽模块再开发与先进减方差方法研究/潘清泉著.—北京:清华大学出版社,2023.4

(清华大学优秀博士学位论文丛书)

ISBN 978-7-302-63048-7

Ⅰ.①R… Ⅱ.①潘… Ⅲ.①核反应堆－辐射屏蔽－蒙特卡罗法－输运性质－研究 Ⅳ.①TL4

中国国家版本馆 CIP 数据核字(2023)第 043957 号

责任编辑:戚 亚
封面设计:傅瑞学
责任校对:欧 洋
责任印制:朱雨萌

出版发行:清华大学出版社
    网   址:http://www.tup.com.cn,http://www.wqbook.com
    地   址:北京清华大学学研大厦 A 座   邮   编:100084
    社 总 机:010-83470000   邮   购:010-62786544
    投稿与读者服务:010-62776969,c-service@tup.tsinghua.edu.cn
    质量反馈:010-62772015,zhiliang@tup.tsinghua.edu.cn
印 装 者:三河市东方印刷有限公司
经   销:全国新华书店
开   本:155mm×235mm   **印 张:**10.5   **插 页:**2   **字   数:**181 千字
版   次:2023 年 4 月第 1 版   **印   次:**2023 年 4 月第 1 次印刷
定   价:89.00 元

产品编号:098404-01

一流博士生教育
体现一流大学人才培养的高度(代丛书序)①

  人才培养是大学的根本任务。只有培养出一流人才的高校,才能够成为世界一流大学。本科教育是培养一流人才最重要的基础,是一流大学的底色,体现了学校的传统和特色。博士生教育是学历教育的最高层次,体现出一所大学人才培养的高度,代表着一个国家的人才培养水平。清华大学正在全面推进综合改革,深化教育教学改革,探索建立完善的博士生选拔培养机制,不断提升博士生培养质量。

学术精神的培养是博士生教育的根本

  学术精神是大学精神的重要组成部分,是学者与学术群体在学术活动中坚守的价值准则。大学对学术精神的追求,反映了一所大学对学术的重视、对真理的热爱和对功利性目标的摒弃。博士生教育要培养有志于追求学术的人,其根本在于学术精神的培养。

  无论古今中外,博士这一称号都和学问、学术紧密联系在一起,和知识探索密切相关。我国的博士一词起源于2000多年前的战国时期,是一种学官名。博士任职者负责保管文献档案、编撰著述,须知识渊博并负有传授学问的职责。东汉学者应劭在《汉官仪》中写道:"博者,通博古今;士者,辩于然否。"后来,人们逐渐把精通某种职业的专门人才称为博士。博士作为一种学位,最早产生于12世纪,最初它是加入教师行会的一种资格证书。19世纪初,德国柏林大学成立,其哲学院取代了以往神学院在大学中的地位,在大学发展的历史上首次产生了由哲学院授予的哲学博士学位,并赋予了哲学博士深层次的教育内涵,即推崇学术自由、创造新知识。哲学博士的设立标志着现代博士生教育的开端,博士则被定义为独立从事学术研究、具备创造新知识能力的人,是学术精神的传承者和光大者。

————————
  ① 本文首发于《光明日报》,2017年12月5日。

博士生学习期间是培养学术精神最重要的阶段。博士生需要接受严谨的学术训练,开展深入的学术研究,并通过发表学术论文、参与学术活动及博士论文答辩等环节,证明自身的学术能力。更重要的是,博士生要培养学术志趣,把对学术的热爱融入生命之中,把捍卫真理作为毕生的追求。博士生更要学会如何面对干扰和诱惑,远离功利,保持安静、从容的心态。学术精神,特别是其中所蕴含的科学理性精神、学术奉献精神,不仅对博士生未来的学术事业至关重要,对博士生一生的发展都大有裨益。

独创性和批判性思维是博士生最重要的素质

博士生需要具备很多素质,包括逻辑推理、言语表达、沟通协作等,但是最重要的素质是独创性和批判性思维。

学术重视传承,但更看重突破和创新。博士生作为学术事业的后备力量,要立志于追求独创性。独创意味着独立和创造,没有独立精神,往往很难产生创造性的成果。1929 年 6 月 3 日,在清华大学国学院导师王国维逝世二周年之际,国学院师生为纪念这位杰出的学者,募款修造"海宁王静安先生纪念碑",同为国学院导师的陈寅恪先生撰写了碑铭,其中写道:"先生之著述,或有时而不章;先生之学说,或有时而可商;惟此独立之精神,自由之思想,历千万祀,与天壤而同久,共三光而永光。"这是对于一位学者的极高评价。中国著名的史学家、文学家司马迁所讲的"究天人之际,通古今之变,成一家之言"也是强调要在古今贯通中形成自己独立的见解,并努力达到新的高度。博士生应该以"独立之精神、自由之思想"来要求自己,不断创造新的学术成果。

诺贝尔物理学奖获得者杨振宁先生曾在 20 世纪 80 年代初对到访纽约州立大学石溪分校的 90 多名中国学生、学者提出:"独创性是科学工作者最重要的素质。"杨先生主张做研究的人一定要有独创的精神、独到的见解和独立研究的能力。在科技如此发达的今天,学术上的独创性变得越来越难,也愈加珍贵和重要。博士生要树立敢为天下先的志向,在独创性上下功夫,勇于挑战最前沿的科学问题。

批判性思维是一种遵循逻辑规则、不断质疑和反省的思维方式,具有批判性思维的人勇于挑战自己,敢于挑战权威。批判性思维的缺乏往往被认为是中国学生特有的弱项,也是我们在博士生培养方面存在的一个普遍问题。2001 年,美国卡内基基金会开展了一项"卡内基博士生教育创新计划",针对博士生教育进行调研,并发布了研究报告。该报告指出:在美国和欧洲,培养学生保持批判而质疑的眼光看待自己、同行和导师的观点同样非常不容易,批判性思维的培养必须成为博士生培养项目的组成部分。

对于博士生而言,批判性思维的养成要从如何面对权威开始。为了鼓励学生质疑学术权威、挑战现有学术范式,培养学生的挑战精神和创新能力,清华大学在2013年发起"巅峰对话",由学生自主邀请各学科领域具有国际影响力的学术大师与清华学生同台对话。该活动迄今已经举办了21期,先后邀请17位诺贝尔奖、3位图灵奖、1位菲尔兹奖获得者参与对话。诺贝尔化学奖得主巴里·夏普莱斯(Barry Sharpless)在2013年11月来清华参加"巅峰对话"时,对于清华学生的质疑精神印象深刻。他在接受媒体采访时谈道:"清华的学生无所畏惧,请原谅我的措辞,但他们真的很有胆量。"这是我听到的对清华学生的最高评价,博士生就应该具备这样的勇气和能力。培养批判性思维更难的一层是要有勇气不断否定自己,有一种不断超越自己的精神。爱因斯坦说:"在真理的认识方面,任何以权威自居的人,必将在上帝的嬉笑中垮台。"这句名言应该成为每一位从事学术研究的博士生的箴言。

提高博士生培养质量有赖于构建全方位的博士生教育体系

一流的博士生教育要有一流的教育理念,需要构建全方位的教育体系,把教育理念落实到博士生培养的各个环节中。

在博士生选拔方面,不能简单按考分录取,而是要侧重评价学术志趣和创新潜力。知识结构固然重要,但学术志趣和创新潜力更关键,考分不能完全反映学生的学术潜质。清华大学在经过多年试点探索的基础上,于2016年开始全面实行博士生招生"申请-审核"制,从原来的按照考试分数招收博士生,转变为按科研创新能力、专业学术潜质招收,并给予院系、学科、导师更大的自主权。《清华大学"申请-审核"制实施办法》明晰了导师和院系在考核、遴选和推荐上的权力和职责,同时确定了规范的流程及监管要求。

在博士生指导教师资格确认方面,不能论资排辈,要更看重教师的学术活力及研究工作的前沿性。博士生教育质量的提升关键在于教师,要让更多、更优秀的教师参与到博士生教育中来。清华大学从2009年开始探索将博士生导师评定权下放到各学位评定分委员会,允许评聘一部分优秀副教授担任博士生导师。近年来,学校在推进教师人事制度改革过程中,明确教研系列助理教授可以独立指导博士生,让富有创造活力的青年教师指导优秀的青年学生,师生相互促进、共同成长。

在促进博士生交流方面,要努力突破学科领域的界限,注重搭建跨学科的平台。跨学科交流是激发博士生学术创造力的重要途径,博士生要努力提升在交叉学科领域开展科研工作的能力。清华大学于 2014 年创办了"微沙龙"平台,同学们可以通过微信平台随时发布学术话题,寻觅学术伙伴。3 年来,博士生参与和发起"微沙龙"12 000 多场,参与博士生达 38 000 多人次。"微沙龙"促进了不同学科学生之间的思想碰撞,激发了同学们的学术志趣。清华于 2002 年创办了博士生论坛,论坛由同学自己组织,师生共同参与。博士生论坛持续举办了 500 期,开展了 18 000 多场学术报告,切实起到了师生互动、教学相长、学科交融、促进交流的作用。学校积极资助博士生到世界一流大学开展交流与合作研究,超过 60% 的博士生有海外访学经历。清华于 2011 年设立了发展中国家博士生项目,鼓励学生到发展中国家亲身体验和调研,在全球化背景下研究发展中国家的各类问题。

在博士学位评定方面,权力要进一步下放,学术判断应该由各领域的学者来负责。院系二级学术单位应该在评定博士论文水平上拥有更多的权力,也应担负更多的责任。清华大学从 2015 年开始把学位论文的评审职责授权给各学位评定分委员会,学位论文质量和学位评审过程主要由各学位分委员会进行把关,校学位委员会负责学位管理整体工作,负责制度建设和争议事项处理。

全面提高人才培养能力是建设世界一流大学的核心。博士生培养质量的提升是大学办学质量提升的重要标志。我们要高度重视、充分发挥博士生教育的战略性、引领性作用,面向世界、勇于进取,树立自信、保持特色,不断推动一流大学的人才培养迈向新的高度。

清华大学校长

2017 年 12 月 5 日

丛书序二

以学术型人才培养为主的博士生教育,肩负着培养具有国际竞争力的高层次学术创新人才的重任,是国家发展战略的重要组成部分,是清华大学人才培养的重中之重。

作为首批设立研究生院的高校,清华大学自20世纪80年代初开始,立足国家和社会需要,结合校内实际情况,不断推动博士生教育改革。为了提供适宜博士生成长的学术环境,我校一方面不断地营造浓厚的学术氛围,一方面大力推动培养模式创新探索。我校从多年前就已开始运行一系列博士生培养专项基金和特色项目,激励博士生潜心学术、锐意创新,拓宽博士生的国际视野,倡导跨学科研究与交流,不断提升博士生培养质量。

博士生是最具创造力的学术研究新生力量,思维活跃,求真求实。他们在导师的指导下进入本领域研究前沿,吸取本领域最新的研究成果,拓宽人类的认知边界,不断取得创新性成果。这套优秀博士学位论文丛书,不仅是我校博士生研究工作前沿成果的体现,也是我校博士生学术精神传承和光大的体现。

这套丛书的每一篇论文均来自学校新近每年评选的校级优秀博士学位论文。为了鼓励创新,激励优秀的博士生脱颖而出,同时激励导师悉心指导,我校评选校级优秀博士学位论文已有20多年。评选出的优秀博士学位论文代表了我校各学科最优秀的博士学位论文的水平。为了传播优秀的博士学位论文成果,更好地推动学术交流与学科建设,促进博士生未来发展和成长,清华大学研究生院与清华大学出版社合作出版这些优秀的博士学位论文。

感谢清华大学出版社,悉心地为每位作者提供专业、细致的写作和出版指导,使这些博士论文以专著方式呈现在读者面前,促进了这些最新的优秀研究成果的快速广泛传播。相信本套丛书的出版可以为国内外各相关领域或交叉领域的在读研究生和科研人员提供有益的参考,为相关学科领域的发展和优秀科研成果的转化起到积极的推动作用。

　　感谢丛书作者的导师们。这些优秀的博士学位论文,从选题、研究到成文,离不开导师的精心指导。我校优秀的师生导学传统,成就了一项项优秀的研究成果,成就了一大批青年学者,也成就了清华的学术研究。感谢导师们为每篇论文精心撰写序言,帮助读者更好地理解论文。

　　感谢丛书的作者们。他们优秀的学术成果,连同鲜活的思想、创新的精神、严谨的学风,都为致力于学术研究的后来者树立了榜样。他们本着精益求精的精神,对论文进行了细致的修改完善,使之在具备科学性、前沿性的同时,更具系统性和可读性。

　　这套丛书涵盖清华众多学科,从论文的选题能够感受到作者们积极参与国家重大战略、社会发展问题、新兴产业创新等的研究热情,能够感受到作者们的国际视野和人文情怀。相信这些年轻作者们勇于承担学术创新重任的社会责任感能够感染和带动越来越多的博士生,将论文书写在祖国的大地上。

　　祝愿丛书的作者们、读者们和所有从事学术研究的同行们在未来的道路上坚持梦想,百折不挠! 在服务国家、奉献社会和造福人类的事业中不断创新,做新时代的引领者。

　　相信每一位读者在阅读这一本本学术著作的时候,在吸取学术创新成果、享受学术之美的同时,能够将其中所蕴含的科学理性精神和学术奉献精神传播和发扬出去。

清华大学研究生院院长

2018 年 1 月 5 日

导师序言

 随着对核电厂安全性和经济性要求的不断提高,以及各种新概念堆型研究的不断深入,反应堆精细化辐射屏蔽分析的需求日益扩大,面临着越来越复杂、多样的挑战。蒙特卡罗方法具有较强的通用性和灵活性,基于该方法进行屏蔽计算得到了广泛关注。但是,采用该方法进行屏蔽计算时面临着"小概率-深穿透"的难题,所以有必要开展蒙特卡罗屏蔽算法和先进减方差方法的研究工作。

 潘清泉的博士学位论文以"RMC 屏蔽模块再开发与先进减方差方法研究"为主题,基于自主化反应堆蒙特卡罗程序 RMC,围绕中子-光子-电子耦合输运、局部/全局减方差、基于简化球谐函数法和混合蒙特卡罗等内容,研究了关键方法与算法。首先,本书完善和优化了 RMC 程序光子输运和中子-光子耦合输运的计算功能,提出了深度耦合的光子输运方法和预处理的光子输运方法;其次,进行先进减方差方法研究,提出了自适应减方差方法和最佳源偏移方法,实现了良好的全局减方差效果;最后,对简化球谐函数法进行理论分析和解法研究,提出了新的求解 SPN 方程的非线性迭代法,编制了堆芯计算程序 NLSP3,并且耦合了 RMC 程序和 NLSP3 程序进行混合蒙特卡罗方法研究,实现了 RMC-NLSP3 的源收敛加速和全局减方差计算功能,提高了 RMC 程序的计算效率。

 本书在蒙特卡罗屏蔽计算和减方差方法方面进行了创新,并取得了程序计算能力的突破,使 RMC 程序在该方面的研究达到了先进水平。同时,开发的程序也成功应用于反应堆的屏蔽设计中,本书研究兼具重要的学术意义和工程应用价值。

 我相信本书的出版一定会提升读者对蒙特卡罗方法在核工程技术和应用领域的认识。

2022 年 5 月 10 日于清华园

摘　要

蒙特卡罗方法具有准确描述和处理复杂物理模型的计算能力,被广泛应用在反应堆物理分析和辐射屏蔽分析中。对于核能工业来说,精细化辐射屏蔽分析有着巨大的需求。蒙特卡罗方法是屏蔽计算的发展方向。但是,采用蒙特卡罗程序进行屏蔽计算时面临着计算效率低的难题。本书基于自主堆用蒙卡程序 RMC 进行屏蔽模块再开发与先进减方差方法的研究。

蒙特卡罗程序的屏蔽计算模块主要分为两部分:①底层物理模块,包括中子、光子和中子-光子耦合输运功能;②计算加速模块,包括并行计算和减方差方法。对于底层物理模块,本书首先基于 RMC 程序对光子输运物理模型和中子-光子耦合输运过程进行研究,完善了 RMC 程序模拟光子输运和中子-光子耦合输运的计算能力。同时,对中子-光子耦合输运方法进行了改进和优化,使用康普顿轮廓对束缚态电子进行多普勒展宽的修正研究,提出了深度耦合的光子输运方法和预处理的光子输运方法。光子输运模块的开发和优化,使 RMC 程序具备高效、精准、稳定的光子输运计算能力。

对于计算加速模块,本书从两个角度进行了先进减方差方法的研究:①基于纯蒙特卡罗的通用减方差方法研发;②基于混合蒙特卡罗的减方差方法研发。针对基于纯蒙特卡罗的通用减方差方法研发,通过对中子/光子在屏蔽层中的输运过程进行分析,提出穿透率守恒的概念,结合减方差方法的理论基础,建立了求解深穿透问题的局部减方差方法。同时,对蒙特卡罗临界计算的源迭代过程进行分析,结合最佳分层抽样法和组近似方法,提出了最佳源偏倚的全局减方差方法。针对基于混合蒙特卡罗的减方差方法研发,首先,对简化球谐函数法和相应的数值解法进行研究,提出了带角度离散的耦合修正关系式,建立了新的求解简化球谐函数法的非线性迭代法,并且编制了堆芯计算程序 NLSP3,验证了其计算精度和效率。然后,耦合

RMC 程序和 NLSP3 程序进行混合蒙特卡罗方法研究，在 RMC 程序中开发了基于 NLSP3 的源收敛加速功能和基于 NLSP3 的全局减方差计算功能，提高了 RMC 程序模拟深穿透屏蔽问题的计算效率。

本书不仅在蒙特卡罗屏蔽计算和减方差理论上取得了创新性的成果，还使 RMC 程序在反应堆屏蔽计算能力上达到了先进水平。

关键词：RMC；蒙特卡罗；光子输运；减方差

Abstract

The Monte Carlo method has the computational capability to accurately describe and process complex physical models and is widely used in reactor physical analysis and reactor shielding analysis. For the nuclear industry, there is a huge demand for refined reactor shielding analysis. The Monte Carlo method shows great potential in reactor shielding calculation. However, the problem of low efficiency is encountered when Monte Carlo programs are used for shielding calculation. This work redevelops the shielding module in RMC code and studies the advanced variance reduction methods based on RMC code.

The shielding module of RMC code is mainly divided into two parts: ①the physics module: neutron transport, photon transport, and neutron-photon coupling transport; ②the acceleration module: parallel calculation and variance reduction methods. For the physics module, this work firstly studies the basic theory of photon transport and neutron-photon coupling transport, and achieves the capability of photon transport and neutron-photon coupling transport in RMC code. Moreover, the neutron-photon coupling transport method is improved and optimized. The Compton profile is used to do Doppler broadening for Compton scattering, the deep-coupling photon transport method and the preprocessed photon transport method are proposed. The improvements and optimizations of the photon transport module enable RMC code has an efficient, accurate and stable capability of photon transport simulation.

For the acceleration module, the research of advanced variance reduction methods is carried out from two aspects: ①the development of self-coupled variance reduction methods based on pure Monte Carlo method; ② the development of deterministic-coupled variance reduction methods based on hybrid Monte Carlo method. For the development of self-coupled variance reduction methods based on pure Monte Carlo method, by analyzing the transport process of neutron/photon in shielding layers, the conservation of penetration rate is proved, and an adaptive local variance reduction method for deep penetration problems is proposed. Meanwhile, combining the optimal stratified sampling method and the batch approximate method, a global variance reduction method named optimal source bias method is proposed. For the development of deterministic-coupled variance reduction methods based on hybrid Monte Carlo method, the simplified spherical harmonic method and its numerical solution are studied. Based on a new coupling corrective relationship, a new nonlinear iterative method for solving SPN equation is established, and a reactor core program NLSP3 is developed. The RMC code and NLSP3 code are coupled for acceleration of fission source convergence and global variance reduction, which improves the calculation efficiency of RMC code for reactor shielding analysis.

The book not only provides new methods and valuable practice for MC shielding analysis, but also significantly enhances the shielding capability of RMC code.

Keywords: RMC; Monte Carlo; photon transport; variance reduction

主要符号对照表

MC   蒙特卡罗(Monte Carlo)

RMC   自主堆用蒙特卡罗程序(reactor Monte Carlo code)

PN   球谐函数法(spherical harmonics method)

SPN   简化球谐函数法(simplified spherical harmonics method)

NLSP3 非线性迭代 SP3 方程的堆芯计算程序(nonlinear iterative SP3 code)

TTB   厚靶韧致辐射(thick target bremsstrahlung)

FOM   品质因子(figure of merit)

VR   减方差方法(variance reduction)

GVR   全局减方差(global variance reduction)

LVR   局部减方差(local variance reduction)

WW   权窗参数(weight windows)

ENDF 评价核数据库(evaluated nuclear data file)

CADIS 伴随通量驱动抽样(consistent adjoint driven importance sampling)

CMFD 有限差分方程(coarse mesh finite difference)

SANM 半解析节块法(semi analytical nodal method)

目　录

Contents

第1章 引　　言

1.1　研究背景与意义

　　能源是人类社会持续发展的动力和物质基础,是生产技术和生活水平的重要参考,关系到每个国家的发展潜力和未来命运。在全球一体化经济飞速发展的大背景下,能源发展战略已经上升到了基本国策的高度,各国都在积极制定科学有效的能源发展战略。但是,因为人类文明发展对于能源的高度依赖,在过去 100 多年的工业化进程中,大量的化石燃料被消耗,能源短缺问题和环境污染问题随之而来。这些问题日益严峻,在全世界范围内得到了越来越多的关注,也成为了人类社会发展的共同挑战。

　　我国正处于高速发展阶段,能源短缺问题和环境污染问题对我国的经济发展造成了严重威胁和巨大压力。为了有效地应对以上问题,我国正在积极地推进能源结构调整,走可持续发展的道路。2014 年国务院发布了能源计划[1],提出了新的能源发展战略,希望可以借此优化能源结构,其中核能受到了高度重视。目前,我国正在积极制定核能发展规划,大力支持核能工业的技术发展,通过"华龙一号"[2]等商用压水堆的国际化出口,促进核电"走出去"。同时,为了实现核电强国的战略,我国加大了对第四代反应堆技术研发的投入,如高温气冷堆[3]、钍基熔盐堆[4]和钠冷快堆[5]等。

　　核能技术是实现核电强国的关键,其中核电软件自主化是支撑我国核电品牌"走出去"的坚实基础。为了实现我国的核电软件自主化,2010 年起国内的三大核电集团相继投入了巨大的人力、物力进行自主核电的设计与分析软件包的研发。其中,中国核工业集团自主研发的 NESTOR 软件包[6]与国家电力投资集团自主研发的 COSINE 软件包[7]已经得到了广泛认可和相应的工程应用。REAL 团队经过了 10 余年的研发积累,自主堆用蒙特卡罗程序[8]成为了 NESTOR 软件包和 COSINE 软件包中的蒙特卡罗核心。RMC 程序具备高效精准的反应堆物理计算能力,可以实现多种反应堆型的全寿期精细几何建模的高保真核热耦合模拟[9]。

蒙特卡罗方法[10]具有准确描述和处理复杂物理模型的能力。它通过模拟大量粒子在空间的输运过程,使用概率论和数理统计的基础知识实现了对复杂粒子输运方程的求解。目前,世界各国都在研制相关的蒙特卡罗程序,其中有些程序很有代表性,如美国的 MCNP[11] 程序、英国的 MONK[12] 程序、芬兰的 Serpent[13] 程序等。国内的部分研究所和高校也在进行蒙特卡罗程序的研制,除了清华大学工程物理系的 RMC 程序,还有北京应用物理与计算数学研究所研制的 JMCT[14] 程序,中国科学院核能安全技术研究所研制的 SuperMC[15] 程序。

对辐射屏蔽问题精准分析的要求和计算机硬件的发展,使采用蒙特卡罗程序进行屏蔽计算得到了广泛的关注和研究。对于核能工业来说,精细化辐射屏蔽分析有着巨大的需求。蒙特卡罗方法是屏蔽计算的发展方向。但是,采用蒙特卡罗程序进行屏蔽分析面临着"计算量大""难收敛"的技术难题[16],所以,需要基于 RMC 程序进行屏蔽模块再开发和先进减方差方法的研究工作。

1.1.1　中子-光子耦合输运对屏蔽计算的重要性

在反应堆内部会发生大量的中子反应,这些中子反应除了会产生中子,还会产生其他的各种粒子,如光子。光子与材料发生反应的截面较小,穿透能力强,所以在反应堆外围需要建很厚的混凝土屏蔽层来屏蔽反应堆内部的辐射。同时,反应堆堆芯内部产生的中子和光子还会与反应堆堆芯外的结构材料发生反应,产生次级中子和光子,从而使反应堆成为一个很强的辐射源,对反应堆厂房的操纵员带来辐射伤害。为了保证反应堆的辐射安全,在设计反应堆时需要对反应堆整体进行屏蔽计算和分析。通常在屏蔽层外,辐射剂量基本上都来源于反应堆堆芯外围所产生的次级光子。所以,对于反应堆的辐射防护与分析,单纯进行纯中子输运是不能准确描述反应堆辐射场的,必须进行中子-光子耦合输运的计算。

中子-光子耦合输运指中子在输运过程中,通过裂变反应、非弹性散射等反应产生光子,光子在输运过程中通过光核反应[17]产生中子。所以,中子和光子在输运过程中会相互生成,从而实现耦合输运计算。

1.1.2　减方差方法对蒙特卡罗屏蔽计算的重要性

随着核电厂对经济性和安全性要求的提高及对各种新概念堆型研究的不断深入,反应堆辐射防护与屏蔽计算面临着越来越艰巨的挑战。一方面,屏蔽计算的计算精度要高,以保证核电厂的安全性;另一方面,屏蔽计算的计算效率也要高,以保证核电厂屏蔽分析的经济性。目前,主要有确定论方法和蒙特卡罗方法两种解决方案。其中,确定论方法的计算效率高,计算精度差。而蒙特卡罗方法虽然计算精度高,但是对于深穿透问题的计算效率差。屏蔽计算是蒙特卡罗方法主要的应用领域,但是当采用蒙特卡罗方法直接模拟屏蔽问题时,粒子在空间-能量上的不均匀性会导致计算模型各处的方差水平不一致,整体计算效率低下。为了提高蒙特卡罗屏蔽计算的效率,各种减方差方法被提出。在减方差方法的帮助下,蒙特卡罗程序可以高效精准地完成屏蔽计算。

1.2 国内外研究现状

1.2.1 中子-光子耦合输运的理论发展和应用

中子-光子耦合输运的计算能力是蒙特卡罗程序实现屏蔽计算的基础物理模块。目前,国内外的蒙特卡罗程序或已具有中子-光子耦合输运的计算能力或正在研制中。表 1-1 汇总了目前国内外主流的蒙特卡罗程序所支持的粒子类型。

表 1-1 世界上主流蒙特卡罗程序支持的粒子类型

程 序 名 称	开发国家和单位	支持的粒子类型			
MCNP6	美国洛斯阿拉莫斯国家实验室	中子	光子	电子	等
MERCURY	美国利弗莫尔国家实验室	中子	光子	电子	等
MC21	美国诺尔原子能实验室	中子	光子		
MCCARD	韩国首尔大学	中子	光子		
MVP	日本原子力研究所	中子	光子		
TRIPOLI	法国原子能委员会	中子	光子		
VIM	美国阿贡国家实验室	中子	光子		
Scale	美国橡树岭国家实验室	中子	光子		
PENELOPE	经合组织核能署		光子	电子	
EGS	美国斯坦福直线加速器中心		光子	电子	
Serpent	芬兰国家技术研究中心	中子	光子		
OpenMC	美国麻省理工学院	中子	光子		
SuperMC	中国科学院核能安全技术研究所	中子	光子	电子	等
JMCT	北京应用物理与计算数学研究所	中子	光子	电子	
RMC	清华大学工程物理系	中子	光子	电子	

中子-光子耦合输运需要保证粒子物理模型和程序实现的正确性。其中,最重要的是确保中子和光子的反应截面的正确性。在中子-光子耦合输运的过程中,宏观上要遵守守恒定律,即中子和光子在相空间上的分布要满足玻尔兹曼方程。在微观上,要满足中子/光子与原子核、核外电子相互作用的规律。实际上,为了便于程序处理,对粒子状态引入了较多假设。例如,在处理康普顿散射[18]时假设电子是自由电子,当不考虑电子输运时,直接采用厚靶韧致辐射(thick target bremsstrahlung, TTB)模型来近似处理。所以,当使用蒙特卡罗程序模拟中子-光子耦合输运时,需要人为地对输运过程进行修正。目前,使用蒙特卡罗方法处理中子-光子耦合输运在基本物理过程和物理模型的修正上还存在一些待研究的问题。

1.2.2 减方差方法的研究历史和发展现状

从蒙特卡罗方法被提出开始,就有大量针对蒙特卡罗减方差方法的研究工作。蒙特卡罗减方差方法是蒙特卡罗方法永恒的话题,各国科学家甚至认为蒙特卡罗减方差方法不只是科学问题,更是艺术问题[19]。

蒙特卡罗模拟的方差来源于随机抽样过程中的偶然性和突变性,所以蒙特卡罗减方差需要消除随机抽样过程中的偶然性,用平缓过程代替突变过程。在保证计算结果无偏的前提下,构造一个接近于常数的估计量是蒙特卡罗减方差的目标。因此,蒙特卡罗减方差有一个原则:凡是能解析处理的就不用随机抽样。

具体表现在蒙特卡罗粒子输运程序中,减方差(variance reduction,VR)方法希望在相空间中得到均匀的样本分布。即,通过轮盘赌和分裂引导粒子更多地飞到样本数少的相空间内,而在样本数多的相空间内减少粒子输运的模拟。可见,减方差方法通过改变和选择概率分布、统计量和统计特性来实现降低方差的计算效果。按照减方差的原理划分,一共有以下5种减方差方法。

(1)只改变概率密度函数,如重要性抽样,分层抽样。

(2)只改变统计量,如对偶随机变量、样本分裂。

(3)只改变统计特性,如混合蒙特卡罗方法。

(4)同时改变概率密度函数和统计量,如条件期望。

(5)组合减方差技巧,如将多种技巧结合在一起。

在零方差理论和伴随输运理论的指导下,目前已经有几十种减方差方法。这些方法能够解决一部分屏蔽计算和深穿透问题,但是这些方法多少都有一些局限性,最主要的局限性就是减方差方法的通用性。即,没有哪一种减方差方法可以一劳永逸地解决所有的屏蔽计算和深穿透问题。在这些方法中,比较有代表性的是基于偏倚抽样的减方差技巧、基于混合蒙特卡罗方法的减方差技巧和基于半解析方法的减方差技巧。

基于偏倚抽样的减方差技巧通过偏倚因子对粒子的权重进行调整,使粒子的权重和数目在相空间上实现最优化分布。最常见的基于偏倚抽样的减方差技巧有几何分裂和轮盘赌、统一裂变源法、最佳源偏倚方法等。几何分裂与轮盘赌的通用性较高,目前已经被广泛使用。例如,MCNP、MORSE、MCBEND 和 RMC 均具有几何分裂与轮盘赌的计算功能。在几何分裂和轮盘赌的基础上,各种各样的减方差技巧相继被提出,如史涛博士[20]在 2017 年提出了使用伪输运通量构建重要性参数,从而求解深穿透问题的减方差方法;清华大学的潘清泉[21]结合最佳分层抽样法和组近似方法在 2018 年提出了最佳源偏倚方法,实现了蒙特卡罗临界计算的全局减方差计算效果。

基于混合蒙特卡罗方法的减方差技巧主要借助确定论计算效率高的优点,在执行蒙特卡罗计算之前先使用确定论程序计算系统的整体情况,避免在后续蒙特卡罗计算过程中随机抽样的盲目性。目前,确定论方法中的 SN 方法发展得最好,所以耦合 MC-SN 已经有多年的研究历史。常见的用来耦合蒙特卡罗程序的 SN 程序有 ANISN[22]、DORT[23]、TORT[24]等。国际上,美国橡树岭国家实验室在混合蒙特卡罗方法上取得了巨大的成果,先后提出了伴随通量驱动抽样(consistent adjoint driven importance sampling,CADIS)方法[25]和 FW-CADIS 方法[26],这两个方法也成为了目前人们研究混合蒙特卡罗方法的理论基础。在国内,上海核工程研究设计院的郑征博士在 FW-CADIS 方法的程序发展和工程应用上取得了突破性的进展[27]。郑征博士结合 JMCT 和 JSNT[28]搭建了一套完整高效的全局减方差计算框架,并且将该框架应用到了 AP1000 和 CAP1400 的屏蔽设计与分析上。

基于半解析方法的减方差技巧主要是在蒙特卡罗随机抽样过程中引入部分先知的信息,从而减少随机抽样的次数。这类方法有统计估计法[29]、DXTRAN 方法、指数输运法等。指数输运法使用指数衰减来近似重要性参数,极大地减少了基于半解析方法的减方差技巧的不确定性。Dwiwedi 和 Gupta[30]结合指数输运法与碰撞角度偏倚,在 TRIPOLI[31]和 LIFT[32]程序中抑制了权重波动问题,实现了较好的减方差计算效果。清华大学的潘清泉[33]使用指数输运法和穿透率守恒的物理事实,提出了求解深穿透问题的自适应减方差方法,该方法在一些屏蔽基准题中取得了上百倍的加速效果。

除了以上 3 类减方差技巧,还有很多其他的减方差技巧在最近这些年被提出。MacDonald 和 Cashwell[34]提出采用人工智能的技术来确定粒子输运的分裂,从而实现高效的几何分裂;Deutsch 和 Carter[35]提出蒙特卡罗方法耦合蒙特卡罗方法的计算思路,即先进行一次蒙特卡罗正向输运计算,得到计算模型的大致情况以后设置重要性参数,进而完成减方差计算;Greenspan 和 Goldstein[36]则将蒙特卡罗方法耦合蒙特卡罗方法的思路进行了扩充,先进行反向蒙特卡罗计算,在得到中子价值以后,再设置重要性参数,完成减方差计算。

1.2.3　简化球谐函数法的理论研究和解法现状

随着对核电厂经济性和安全性要求的不断提高,以及对各种新概念堆型研究的不断深入,业界对反应堆物理计算方法提出了更高的要求。简化球谐函数法(simplified spherical harmonics method,SPN)作为一种先进的堆芯计算方法,成为了下一代反应堆物理计算方法的重要备选方案,近些年也得到了广泛关注。简化球谐函数法相对于传统的球谐函数法(spherical harmonics method,PN),简化处理了空间各向异性,使其具有更高的计算效率;相对于目前工业上广泛应用的扩散方法,简化球谐函数法采用了高阶多项式来展开空间角,所以它具有更高的计算精度。简化球谐函数法兼具高计算效率和高计算精度的优点,很适合与蒙特卡罗程序耦合以实现全局减方差。

传统的简化球谐函数法经由渐进法或变分法[37]推导得到。基本的数学原理很简单,即先从一维平板输运方程入手,推导得到一维 PN 方程后,直接用三维算符替代一维算符,得到 SPN 方程。所以,SPN 方程相当于简化了方位角,让一维的定解方程具备处理三维物理模型的计算能力。传统的 SPN 方程无法给出角通量的表达式,在内外边界处无法保证角通量连续,只能近似假设角通量是连续的。所以,传统简化球谐函数的理论是不严格的,不具有严格的物理意义,这也导致传统的简化球谐函数法无法使用先进的不连续因子理论[38]。

鉴于传统简化球谐函数法在理论上的缺陷,近年来,赵荣安教授[39-40]在严格 SPN 理论上做了大量工作。赵荣安教授从 Davison[41-42]的 PN 方程入手,在引入张量代数后,采用 Pomraning[43] 推导 SPN 方程时用到的变分法,重建了 SPN 方程的角通量表达式,并且根据严格 SPN 方程的具体形式,给出了相应的物理解释和求解方法。严格 SPN 理论相对于传统 SPN 理论,给出了更加严格的内外边界条件。同时,角通量表达式的给出,也便于 SPN 方程采用不连续因子理论来实现等效均匀化的计算效果。但是,因为严格 SPN 方程在处理边界条件时,引入了切向方向的泄漏率,导致用传统的横向积分方程来求解严格 SPN 方程时存在数值不稳定的问题。所以,为了求解严格 SPN 方程,必须提出新的节块法。

1.3　本书研究内容

本书的研究内容围绕 RMC 屏蔽模块的再开发进行,由两部分组成,分别为中子-光子耦合输运再开发和蒙特卡罗先进减方差方法研究。这两部分工作组成了蒙特卡罗屏蔽计算的基本框架,对一些关键算法和功能模块进行研发,并在 RMC 程序中进行实现。

中子-光子耦合输运再开发的主要研究工作包括以下内容。

(1) 中子输运方法、光子输运方法和中子-光子耦合输运方法的再整合。在原始的 RMC 光子输运计算框架下,对中子-光子耦合输运计算流程进行梳理,保证 RMC 程序精准高效的中子-光子耦合输运计算的正确性。

(2) 中子-光子耦合输运方法的改进与优化,包括使用康普顿轮廓对束缚态电子进行多普勒展宽的修正研究、深度耦合的光子输运方法和预处理的光子输运方法。这些新方法不仅保证了光子输运计算的正确性,还提高了 RMC 程序的中子-光子耦合输运计算的计算效率。

蒙特卡罗先进减方差方法研究的主要工作包括以下内容。

(1) 基于 RMC 的通用减方差方法研发。通过对中子/光子在屏蔽层中的输运过程进行分析,结合蒙特卡罗减方差方法的理论基础,提出求解深穿透问题的局部减方差方法和最佳源偏倚的全局减方差方法。

(2) 混合蒙特卡罗方法中的确定论程序研发。对简化球谐函数法进行方法研究,提出带角度离散的耦合修正关系式,并且建立新的求解 SPN 方程的非线性迭代法。在此基础上,研制非线性迭代 SP3 方程的堆芯计算程序(nonlinear iterative SP3 code,NLSP3)。

(3) 混合蒙特卡罗方法中的减方差实现。基于 RMC 程序对蒙特卡罗全堆均匀化方法进行研究,在固定源计算模式下统计全堆的均匀化群常数。

结合 NLSP3 进行全堆计算,得到全堆通量分布,构建全局的权窗参数
(weight windows,WW),进行全局减方差模拟。

1.4　本书组织结构

本书一共由 7 章组成,第 2～7 章的组织结构如下。

第 2 章介绍了蒙特卡罗方法与减方差理论。通过对蒙特卡罗方法和减方差理论进行分析,建立本书研究的理论基础。

第 3 章介绍了基于 RMC 的中子-光子耦合输运再开发,保证了 RMC 屏蔽计算基础物理模块的正确性和高效性。

第 4 章介绍了基于 RMC 的通用减方差方法研究,提出了通用的局部减方差方法和通用的全局减方差方法,提升了 RMC 的屏蔽计算能力。

第 5～6 章介绍了基于 RMC 的混合蒙特卡罗方法。其中,第 5 章介绍了确定论计算程序 NLSP3 的研发,第 6 章介绍了基于 NLSP3 的全局减方差方法,该方法使 RMC 具备先进的减方差计算能力。

第 7 章对本书的研究内容进行了归纳总结,并对后续可研究内容进行了展望。

第 2 章　蒙特卡罗方法与减方差理论

2.1　本 章 引 论

蒙特卡罗方法被称为"最后的方法",因为它能解决一些其他计算方法不能解决的问题。从 1946 年被提出到今天,蒙特卡罗方法已经走过了 70 多年。蒙特卡罗方法在确定性问题模拟、粒子输运模拟、稀薄气体动力学模拟、数理统计和可靠性模拟、金融经济学模拟和科学实验模拟等领域得到了深入的应用。特别是最近的 30 年,随着计算机性能的提升,蒙特卡罗方法得到了快速发展,国内外编制了大量的蒙特卡罗计算程序。但是,蒙特卡罗方法相对于确定论方法面临着一个技术难题,那就是样本分布的不均匀性带来的计算误差的不均匀性,从而需要借助减方差技巧来提升蒙特卡罗方法的计算效率。减方差技巧的研究难度很大,被认为不只是科学问题,更是艺术问题。所以,减方差技巧的研发是蒙特卡罗方法研究永恒的话题。本章介绍蒙特卡罗方法和减方差理论,从宏观上给出本书研究的理论基础。

2.2　蒙特卡罗方法

2.2.1　蒙特卡罗方法的数学基础

蒙特卡罗方法起源于 18 世纪法国数学家蒲丰的投针实验[44]。他为了验证大数定律,采用随机投针的方式来估算圆周率。图 2-1 是投针实验的示意图,在单位正方形内有一个内切圆,将针随机地投入正方形中,则针命中圆内的概率为

$$P = \frac{\text{内切圆面积}}{\text{正方形面积}} = \frac{\pi}{4} \approx \frac{M}{N} \tag{2-1}$$

式中,N 是总的投针次数;M 是命中圆内的针头数量。可见,使用随机方法可以很简单地计算出圆周率 π 的值:

$$\pi = \frac{4M}{N} \tag{2-2}$$

显然，总数 N 越大，圆周率 π 的计算精度越高。蒲丰的投针实验其实就是蒙特卡罗方法的思路。

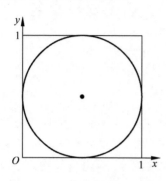

图 2-1　蒲丰投针实验的示意图

在蒙特卡罗方法中，首先需要使用概率论[45]的相关数学知识来描述物理模型。在概率论中，用概率密度函数来描述单个事情发生的概率；使用交、并、补和不相容来描述各个事情之间的关系。目前在蒙特卡罗方法中主要用到了 4 种基本运算。

加法公式：

$$P(A \bigcup B) = P(A) + P(B) - P(AB) \tag{2-3}$$

乘法公式：

$$P(AB) = P(A)P(B \mid A) = P(B)P(A \mid B) \tag{2-4}$$

全概率公式：

$$P(B) = \sum_{i=1}^{\infty} P(A_i)P(B \mid A_i) \tag{2-5}$$

贝叶斯公式：

$$P(A_i \mid B) = P(B \mid A_i) \frac{P(A_i)}{P(B)} = P(B \mid A_i) \frac{P(A_i)}{\sum_{i=1}^{\infty} P(A_i)P(B \mid A_i)} \tag{2-6}$$

式(2-3)~式(2-6)中，A 和 B 均表示某事件；$P(A)$ 是事件 A 发生的概率；$P(A|B)$ 是条件概率，即在事件 B 发生的前提下，事件 A 发生的概率；下标 i 表示子样本事件。

在使用概率论描述物理模型时，描述的是一个随机过程。即，在对事物全过程进行观测时，对该事物的变化过程进行多次重复独立的观测，每次所得的结果并不相同，但是呈现一定的规律。在随机过程中，最重要的是对随机变量的定义和对分布概率密度函数的抽样，这两部分直接影响了蒙特卡罗方法的计算结果。

蒙特卡罗模拟主要是为了得到随机变量的数值特征，即数学期望和方差。数学期望反映了样本整体的情况，方差反映了计算结果的可信度。

数学期望：

$$\langle X \rangle = E(X) = \int_{-\infty}^{\infty} x \, \mathrm{d}F(x) = \int_{-\infty}^{\infty} x f(x) \mathrm{d}x \qquad (2\text{-}7)$$

方差：

$$D(x) = E[x - E(x)]^2 = E(x^2) - E^2(x) \qquad (2\text{-}8)$$

对于简单的物理模型，很容易通过公式推导计算出数学期望和方差，但是对于高维物理模型，直接进行数学计算是很困难的，甚至是无法求解的。使用蒙特卡罗方法求解数学期望，实际上是将数学积分过程转变为简单的求平均值的过程，即蒙特卡罗方法很适合用来求解高维积分方程。考虑如下高维积分方程：

$$I = \int_D t(x) \mathrm{d}x \qquad (2\text{-}9)$$

将 $t(x)$ 在区域 D 上分解为概率密度函数 $f(x)$ 和有界函数 $p(x)$ 的乘积。按照概率密度函数 $f(x)$ 抽取 N 个样本 $x_1, x_2, \cdots, x_N$，则

$$I = \frac{1}{N} \sum_{i=1}^{N} p(x_i) \qquad (2\text{-}10)$$

通常，积分的重数越高，蒙特卡罗模拟的优势越显著。从以上蒙特卡罗方法的数学基础中可以看出，蒙特卡罗方法有如下三大特点。

（1）积分计算的收敛速度与物理模型的维数无关：蒙特卡罗计算的数学期望和方差只与样本数 N 有关，与物理模型的空间维数、几何形状、被积函数的性质均无关系。所以，蒙特卡罗方法很适合求解维数高、积分区域复杂和被积函数光滑性差的积分。

（2）收敛慢与误差的概率性：蒙特卡罗方法与确定论的计算方法不同，蒙特卡罗方法计算所得的数学期望是在一定概率保证下的数学期望，方差也是在一定概率保证下的方差；同时，若要让计算精度提高一倍，则所需的样本数需要提升平方倍，所以，蒙特卡罗方法的收敛性相较于确定论方法较差。

（3）使用减方差技巧的必要性：目前减方差方法被证明可以有效提高蒙特卡罗模拟的品质因子（figure of merit，FOM）。该品质因子描述了计算方法的效率，定义式如下：

$$\mathrm{FOM} = \frac{1}{\varepsilon^2 T} \qquad (2\text{-}11)$$

式中，T 是蒙特卡罗模拟的时间；ε 是计算结果的方差。减方差方法就是通过优化样本分布来实现计算误差和计算效率的平衡，从而提高蒙特卡罗

模拟的品质因子。

2.2.2　蒙特卡罗方法的程序实现

随着计算机性能的不断提高,越来越多的蒙特卡罗程序被编制和发展起来。下文依然以蒲丰投针实验为例,说明蒙特卡罗方法的程序实现过程。在单位正方形中独立均匀地选取点(x,y),即在x轴的区间$(0,1)$内均匀选取随机数ξ_1,在y轴的区间$(0,1)$内均匀选取随机数ξ_2,随机坐标点(ξ_1,ξ_2)实际上就是蒲丰实验所需的点(x,y);判断式(2-12)中的不等式是否成立。

$$\left(\xi_1 - \frac{1}{2}\right)^2 + \left(\xi_2 - \frac{1}{2}\right)^2 \leqslant \frac{1}{4} \tag{2-12}$$

若式(2-12)中的不等式成立,则将命中圆内的针头数量M加1。图2-2给出了蒲丰投针实验的计算机模拟流程图。

在蒙特卡罗模拟过程中,随机数很重要,它是真实物理过程和计算器模拟过程的桥梁。随机数指在区间$(0,1]$上均匀分布的随机变量。显然,随机数有无数个,在区间$(0,1]$上满足如下概率分布函数:

$$F(x) = \begin{cases} 0, & x < 0 \\ x, & 0 \leqslant x \leqslant 1 \\ 1, & x > 1 \end{cases} \tag{2-13}$$

用物理方法产生的随机数是真随机数,目前有一些真随机数表[46]可供使用。受计算机字长的限制,计算机使用伪随机数发生器来产生随机数。为了保证计算机产生的伪随机数的品质,伪随机数序列需要满足以下5点要求:①独立性;②均匀性;③无连贯性;④长周期性;⑤可重复性。伪随机数发生器的种类很多,主要有平方取中法、乘同余法、混合同余法、斐波那契法(Fibonacci method)、小数平方法、小数开方法、取余法等。这里简单介绍两种伪随机数发生器:平方取中法和乘同余法。

伪随机数发生器是通过递推数列得到的,也就是说,在给定初值ξ_1,$\xi_2,\cdots,\xi_k$后,可以使用递推公式计算出序列中的任何一个随机数。

$$\xi_{n+k} = T(\xi_n, \cdots, \xi_{n+k}), \quad n = 1, 2, \cdots \tag{2-14}$$

平方取中法[47]是冯·诺依曼教授于1951年提出来的伪随机数序列,他通过任意产生$2N$个二进制数$x_1, x_2, \cdots, x_{2N}(x_i = 0$或1$)$,构造初始值$\alpha_0 = x_1 x_2 \cdots x_{2N}$,并使用如下递推公式计算所有的伪随机数序列。

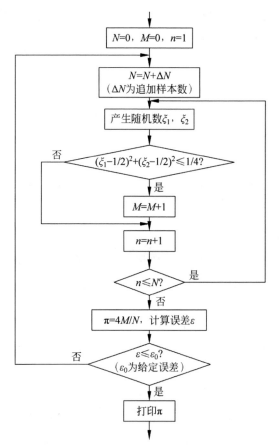

图 2-2　蒲丰投针实验的计算机模拟流程图

$$\begin{cases} \alpha_0 = x_1 x_2 \cdots x_{2N} \\ \alpha_{n+1} = \mathrm{int}[\alpha_n^2/2^N] \mathrm{mod}(2^{2N}) \\ \xi_{N+1} = 2^{-2N}\alpha_{n+1}, \quad n = 0,1,\cdots \end{cases} \tag{2-15}$$

乘同余法[48]是 Lehmer 于 1951 年提出来的伪随机数序列,它是一种很简单的伪随机数发生器,目前被多种蒙特卡罗程序采用。它的递推关系如下:

$$\begin{cases} x_{n+1} = \lambda x_n \mathrm{mod} M, & n = 0,1,\cdots \\ \xi_{n+1} = x_n/M, & n = 0,1,\cdots \end{cases} \tag{2-16}$$

在式(2-15)和式(2-16)中:mod 是取余操作符;M 是伪随机数的模。

在计算机程序中,通过伪随机数发生器产生伪随机数序列,使用该随机数序列构建蒙特卡罗模拟所需的大量样本数,进行统计分析,就能实现蒙特卡罗方法的计算机模拟。因此,采用蒙特卡罗方法求解物理问题的步骤如下。

(1)建立与物理模型相关的随机概型,构造随机变量,使它的数字特征(概率密度分布、数学期望等)均是该物理问题的解。

(2)根据建立好的随机概型进行大量的随机试验,统计随机试验的结果。

(3)使用概率论与数理统计的数学知识来计算随机变量的数字特征,该数字特征就是待求物理问题的估计值。

2.3　减方差理论

2.2节介绍了蒙特卡罗方法的数学基础和程序实现方法,给出了使用蒙特卡罗方法估计待求量的计算式,并且指出了采用蒙特卡罗方法模拟物理问题时使用减方差技巧的必要性。蒙特卡罗方法通过计算机模拟粒子输运过程,对大量粒子的行为进行观察分析,用统计平均的方法,推测估计值的解。所以,基于概率论和数理统计的相关理论知识,使用大数定律和中心极限定理对蒙特卡罗方法进行误差分析。

相互独立的随机变量 $x_1, x_2, \cdots$ 服从同一分布,具有有限的数学期望 $E[x_i] = a$ 和方差 σ^2,定义随机变量 $X_k = \dfrac{1}{N} \sum\limits_{i=1}^{N} x_i^k$,$k = 1, 2, \cdots$,则对任意小数 $\varepsilon > 0$,有

大数定律:

$$\lim_{N \to \infty} P\{ \mid X_1 - a \mid < \varepsilon \} = 1 \tag{2-17}$$

中心极限定理:

$$\lim_{N \to \infty} P\left\{ \mid X_1 - a \mid < \frac{\lambda \sigma}{\sqrt{N}} \right\} = \frac{1}{\sqrt{2\pi}} \int_{-\lambda}^{\lambda} e^{-t^2/2} \, dt = \Phi(\lambda) \tag{2-18}$$

定义相对标准偏差

$$\varepsilon(\lambda) = \frac{\lambda \sigma}{\sqrt{N} X_1} = \frac{\lambda \sigma_{X_1}}{X_1} \tag{2-19}$$

λ 取不同的值,对应不同的置信水平 $1 - \Phi(\lambda)$。其中 σ 和 X_1 均未知,用估

计量替代它们,同时取 $\lambda = 1$,此时的实际误差是

$$\varepsilon = \frac{\sigma}{\sqrt{N}\,X_1} = \Big[\sum_{i=1}^{N} x_i^2 \Big/ \Big(\sum_{i=1}^{N} x_i\Big)^2 - 1/N\Big]^{1/2} \tag{2-20}$$

从式(2-20)可以看出,如果想让计算误差下降 50%,则计算结果的方差也要降低 50%,或者保证总的样本数变为原来的 4 倍。当有效样本很少时,统计方差很大,导致蒙特卡罗计算的误差很大,计算结果不可信。为了提高蒙特卡罗模拟的品质因子,在屏蔽计算问题中使用减方差技巧是很有必要的。

减方差的数学表述如下,系统的均值为

$$\mu = \int R(x) f(x) \mathrm{d}x = \int R(x) \left[\frac{f(x)}{g(x)}\right] g(x)\mathrm{d}x \tag{2-21}$$

把响应函数 $R(x)$ 和抽样函数 $f(x)$ 分别改为 $R(x)[f(x)/g(x)]$ 和 $g(x)$,这样均值不会改变,同时方差由

$$\sigma_f^2 = \int [R(x)]^2 f(x)\mathrm{d}x - \mu^2 \tag{2-22}$$

变成了

$$\sigma_g^2 = \int \left[R(x)\frac{f(x)}{g(x)}\right]^2 g(x)\mathrm{d}x - \mu^2 \tag{2-23}$$

方差的变化量为

$$\sigma_f^2 - \sigma_g^2 = \int R(x)^2 \left[1 - \frac{f(x)}{g(x)}\right] f(x)\mathrm{d}x \tag{2-24}$$

可见选择合适的 $g(x)$,令其在大部分的计数器中满足 $1 - f(x)/g(x) > 0$,可以使方差变小。针对特定的目标统计量来优化抽样函数,使粒子在特定的区域中进行分裂或轮盘赌,则粒子在不感兴趣或不重要的区域中被杀死,在重要的区域分裂成更多的粒子,从而减少统计误差。所以,减方差的核心就是确定合适的重要性函数。

2.3.1　传统减方差方法

减方差技巧从蒙特卡罗方法被提出开始就得到了广泛的关注和发展,目前有各种各样的减方差技巧。RMC 程序开发了大量的减方差技术,这些减方差技术的内容丰富,操作简单,人们将其称为"传统减方差方法"[49]。本节介绍一些常用的传统减方差方法。

1. 隐式俘获

粒子在介质中进行输运时,会发生大量的俘获吸收反应,导致粒子在进

入计数器之前就已经被杀死,无法产生有效计数。对于深穿透屏蔽计算问题,材料的总吸收截面很大,粒子的平均自由程很短,使得计数器的有效样本数极低,难以得到可靠的结果,甚至无法得到结果。所以,RMC 程序默认使用隐式俘获方法来处理粒子在输运过程中发生的俘获吸收反应,从而提高粒子输运模拟的效率。

隐式俘获将粒子在输运过程中发生的俘获吸收反应当作散射反应,同时根据粒子的吸收截面和总截面的比值来降低粒子的权重。所以,粒子在发生俘获吸收反应以后不会被杀死,会以更低的权重继续输运。隐式俘获的减方差技术使中子具有更长的输运长度,这样可以在计数器中产生更多的计数,从而降低计算结果的标准差。当然,因为隐式俘获的减方差技术通过增大输运长度的方式来增大有效样本,所以在蒙特卡罗模拟过程中会有许多权重较低的输运历史,这在一定程度上会降低计算效率。不过,隐式俘获的减方差技术作为蒙特卡罗程序的基础减方差功能,可以与其他多种减方差技术结合,所以得到了广泛的应用。

2. 权窗截断与轮盘赌

权窗截断和轮盘赌[50]是目前应用最为广泛的减方差技术,是很多新型减方差技术得以实现的基础。权窗截断和轮盘赌设定了粒子输运的权窗下限,实时判断粒子的权重,保证粒子的权重处于权窗范围内,从而使粒子在不同的相空间内有不同的属性。当粒子权重低于权重下限时,粒子通过轮盘赌被杀死或被增大权重。所以,权重截断和轮盘赌避免了粒子权重的波动,也减少了低权重粒子的无限输运,提高了蒙特卡罗模拟的计算效率。权重截断可以处理的相空间包含空间、能量、角度、时间等变量。

3. 几何分裂与轮盘赌

几何分裂与轮盘赌又称为“几何重要性技术”,即根据几何空间的重要性设置一组重要性参数,用这组重要性参数指导粒子在空间上的输运过程,从而让粒子更多地在重要区域中输运,减少不感兴趣或不重要区域的粒子输运模拟。具体来说,当粒子从重要区域输运到不重要区域时,可以通过轮盘赌杀死粒子,减少不重要区域的粒子输运历史;当粒子从不重要区域输运到重要区域时,可以通过几何分裂产生多个低权重粒子,增加重要区域的粒子输运历史。

几何分裂和轮盘赌是一种普适性很强的减方差技术,它可以有效地降低计算方差,调整单个粒子的计算时间,优化粒子输运历史在空间上的分布,从而在整体上优化方差分布。

4. 强迫碰撞

当粒子在很薄的介质中输运时,很容易穿透介质,从而导致碰撞反应的抽样率过低,强迫碰撞可以提高粒子碰撞的抽样率。

在某强迫碰撞的空间位置,将粒子的输运过程一分为二,即可碰撞中子历史和不可碰撞中子历史。不可碰撞中子历史不发生碰撞,所以粒子很容易就穿透介质。可碰撞中子历史则会在介质中发生多次碰撞反应,从而提高粒子在介质中的碰撞反应抽样率。在强迫碰撞区域中,粒子不会因为权重截断而被杀死,所以会存在大量的低权重粒子,这些低权重粒子的径迹数过度增加,可能会降低计算效率,所以强迫碰撞的使用需要一定的经验和技巧。

5. 源偏倚方法

源偏倚方法通过设置与空间、能量、角度相关的偏倚参数,对粒子的权重进行调整,从而使裂变源在空间、能量、角度上更好地分布,提高蒙特卡罗临界计算的效率。源偏倚方法并不会改变裂变源在相空间上的概率密度函数,但是人为调整裂变源的权重可以实现全局减方差的计算效果。目前,主要的源偏倚方法是统一裂变源方法[51]和作者开发的最佳源偏倚方法[52]。

6. DXTRAN 球技术

DXTRAN 球技术[53]是一种用来提高小探测器计数效率的减方差方法。该方法假设某个区域被 DXTRAN 球体包围,人为地引入假粒子在 DXTRAN 球体内进行确定性的输运。通过角度偏倚技术,同时在输运过程中不发生碰撞反应,使假粒子输运到 DXTRAN 球体的表面,从而在被 DXTRAN 球包围的小区域内产生更多的粒子输运历史,提高小探测器的计数率。DXTRAN 球技术可以很好地提高点计数器的效率,但是,DXTRAN 球技术不适用于规模较大的问题和深穿透屏蔽计算问题。

7. 指数变换技术

指数变换技术[54]是一种角度偏倚技术,该技术使用伪截面来代替真实截面,从而诱导粒子更多地向特定方向输运,粒子的权重也会相应改变:

$$\varphi^* = \varphi(1 - p\mu) \tag{2-25}$$

式中，φ^* 是使用变换技术后粒子的总反应截面；φ 是使用变换技术前粒子的总反应截面；μ 是对粒子的方向进行偏倚的散射角余弦；p 是根据余弦值加权的延展系数。当 $p > 0$ 时，指数变换技术会使粒子在介质中的穿透性增强。延展系数决定了指数变换技术的计算价值，对于不同的屏蔽计算模型，需要取不同的延展系数，这有赖于使用者的经验。同时，指数变换技术可能会导致粒子权重的波动，所以建议其与权窗叠加使用，从而更好地对粒子权重进行控制。

2.3.2　先进减方差方法

很多传统的减方差方法只能解决局部问题，实现局部减方差（local variance reduction，LVR）的计算效果。但是，工程上有很多屏蔽计算的问题，这些问题的计算规模很大，有时需要得到全局的辐射剂量分布，所以需要使用能够优化全局计算结果的减方差方法，也就是全局减方差方法。全局减方差（global variance reduction，GVR）相对于局部减方差，计算难度更大，故被称为"先进减方差方法"。同时，全局减方差考虑全局的分布信息，需要一些参数来衡量全局减方差的计算效果。以下是衡量全局减方差计算效果的一些参数。

平均标准偏差：

$$AV.\,Re = \sqrt{\dfrac{\displaystyle\sum_{i=1}^{N} Re_i^2}{N}} \tag{2-26}$$

平均品质因子：

$$AV.\,FOM = \dfrac{N}{T\displaystyle\sum_{i=1}^{N} Re_i^2} \tag{2-27}$$

相对偏差标准差：

$$\sigma_{Re} = \sqrt{\frac{1}{N}\sum_{i=1}^{N} Re_i^2 - \frac{1}{N^2}\Big(\sum_{i=1}^{N} Re_i^2\Big)^2} \tag{2-28}$$

有效计数率：

$$ScoreRate = \dfrac{N_s}{N} \tag{2-29}$$

式（2-26）～式（2-29）中，N 是总的探测区域数目；N_s 是有计数的探测区域数目；T 是总的计算时间；Re_i 是第 i 个探测区域的方差。

全局减方差方法以全局的探测统计量为目标，以优化全局的计算结果为指导，通过设置合理的重要性参数来提高蒙特卡罗模拟整体的品质因子。目前，有很多全局减方差方法，这些方法各有利弊。从全局减方差实现的过程来划分，全局减方差方法主要分为正算输运耦合蒙特卡罗减方差方法和伴随输运计算耦合蒙特卡罗减方差方法。

正算输运耦合蒙特卡罗减方差方法采用输运程序（SN、PN 和 MC）得到全局的分布情况以后，使用粒子密度分布、相对误差分布或全局通量分布来构建指导粒子输运的参数，将粒子引导到通量较小的区域中，从而实现全局减方差。Wijk 方法[55-56] 和 MAGIC 方法[57] 是具有代表性的正算输运耦合蒙特卡罗减方差方法。其中，Wijk 方法基于 MC 的正向输运计算结果，结合方差分布信息和通量分布信息构建全局的重要性参数，进行全堆输运计算，然后往复迭代计算，直到构建的重要性参数不再改变为止。Wijk 方法不需要引入太多的人为判断，可以很简单地展平全堆的方差分布。MAGIC 方法使用中子通量密度分布信息作为先验信息，通过迭代使蒙特卡罗输运计算可以逐步计算到更深的区域，在一些基准题中取得了很好的加速效果。而且，MAGIC 方法还可以使用其他相关的分布信息作为重要性参数的设置依据，从而为全局减方差提供了更大的操作空间。图 2-3 给出了 MAGIC 方法的迭代计算示意图。

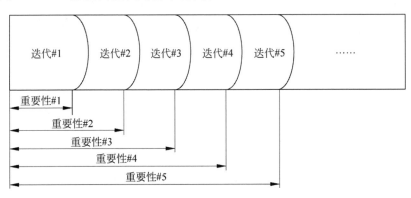

图 2-3 MAGIC 方法的迭代计算示意图

伴随输运计算耦合蒙特卡罗减方差方法采用输运程序进行全局共轭计算，在得到全局的共轭通量分布以后，直接用共轭通量近似重要性参数，从而实现全局减方差。FD-CADIS 方法是一种具有代表性的伴随输运计算耦合蒙特卡罗减方差方法。该方法具有完善的理论背景,在很多蒙特卡罗程序中得到了发展[58],并且在一些工程实际问题中得到了应用[59]。FD-CADIS 方法是基于前向输运计算的伴随通量驱动的重要性抽样方法。该方法首先进行正向的全堆输运计算,得到全堆的通量分布;其次以全堆的通量分布设置共轭源,进行共轭计算,得到全堆的共轭通量分布,全堆的共轭通量分布可以用来设置重要性参数;最后进行一次蒙特卡罗全堆输运计算,得到全局减方差以后的计算结果。图 2-4 给出了 FD-CADIS 方法的计算流程示意图。

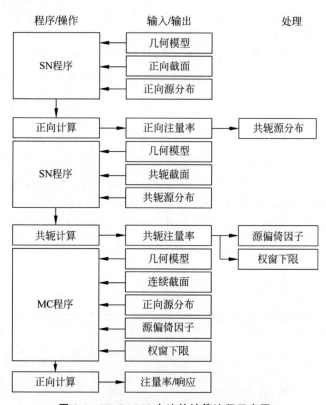

图 2-4　FD-CADIS 方法的计算流程示意图

实际上,全局减方差方法不仅只有正算输运耦合蒙特卡罗减方差方法和伴随输运计算耦合蒙特卡罗减方差方法,还有很多其他的混合/耦合的方法。如 Simakov[60]、陈义学[61]、韩静茹[62]、肖锋[63] 等采用面源耦合的方式来进行全局减方差;Wu 和 Hany[64] 采用高斯处理和正态分布随机模型来进行全局减方差；Lee M J[65]把粗网差分方法应用到蒙特卡罗模拟中，减小了全堆精细模拟的方差。综合来看，国内外学者针对蒙特卡罗全局减方差方法做了大量工作，但是这些方法并没有完全解决屏蔽计算的所有问题，还有一定的发展空间。

第 3 章　中子-光子耦合输运再开发

3.1　本 章 引 论

屏蔽计算主要分为两个部分：①底层的物理模块，包括模拟中子、光子、电子等多种粒子的输运过程和模拟多种粒子相互耦合的输运过程；②计算加速模块，包括并行计算和减方差方法。本章主要介绍 RMC 程序中子-光子耦合输运计算框架的再开发。

本章的组织结构如下：3.2 节介绍 RMC 程序光子输运方法，包括中子产生光子反应、光子与原子核外电子反应（光原反应）、光子与原子核反应（光核反应）、光子核数据库和中子-光子-电子耦合输运测试；3.3 节介绍对 RMC 光子输运的改进和优化方法，包括康普顿散射的多普勒展宽计算功能、深度耦合的光子输运方法和预处理的光子输运方法，并且验证了上述方法的有效性和正确性。

3.2　光子输运方法

模拟光子与物质发生反应的物理过程是蒙特卡罗程序实现屏蔽计算的物理基础[66]，同时中子-光子耦合输运计算对屏蔽分析的计算精度至关重要。下面介绍 RMC 的光子输运过程，包括中子产生光子反应、光子与原子核外电子反应（光原反应）、光子与原子核反应（光核反应）、光子核数据库和中-光-电耦合输运测试。

3.2.1　中子产生光子反应

RMC 具备精确模拟中子输运过程的计算能力，同时中子在输运过程中会产生光子。所以，若想在 RMC 已有的中子输运基础上开发光子输运计算的能力首先需要实现中子产生光子的模拟。

中子输运过程中产生光子的物理描述为，宏观上通过中子权重确定每一次中子反应产生光子的数目,微观上通过抽样核数据库依次确定每一个产生的光子的初始状态。中子输运过程中产生光子的数目是由中子的权重确定的,即所有的中子反应都能产生光子。

宏观上,权重为 W_n 的中子发生反应会产生一个权重为 W_p 的光子,它们满足

$$W_p = \frac{W_n \sigma_\gamma}{\sigma_n} \tag{3-1}$$

式中,σ_n 为与中子发生碰撞的核素的中子反应总截面;σ_γ 为该核素产生光子的截面。这两个截面均由中子核数据库提供。

在确定了光子的总权重 W_p 后,还需要根据源栅元的重要性 I_s、碰撞处栅元的重要性 I_i 和光子权窗下限 W_i^{min} 来分裂或轮盘赌,以确定产生光子的实际数量。

若 $W_p > \dfrac{W_i^{min} I_s}{I_i}$,则分裂产生 $N_p = \dfrac{W_p I_i}{5 W_i^{min} I_s} + 1$ 个光子,每个光子权重为 $\dfrac{W_p}{N_p}$。

若 $W_p < \dfrac{W_i^{min} I_s}{I_i}$,则轮盘赌,光子存活率为 $\dfrac{W_p I_i}{W_i^{min} I_s}$,如果存活,权重变为 $\dfrac{W_i^{min} I_s}{I_i}$。

以上只是从宏观确定了每次中子反应产生光子的数目,同时保证了光子权重与中子权重满足真实的物理比例。之后需要从宏观回到微观,即抽样核数据库确定每一个光子的初始状态。首先,由下式依次抽样确定中子产生光子的具体的反应类型:

$$\sum_{i=1}^{n-1} \sigma_i < \xi \sum_{i=1}^{N} \sigma_i < \sum_{i=1}^{n} \sigma_i \tag{3-2}$$

式中,N 为碰撞核素能产生光子的反应数目;σ_i 为第 i 种反应类型的截面;ξ 为被抽取的随机数。

在确定了中子产生光子的反应类型以后,根据核数据库中次级光子能量分布和角度分布的信息,抽样确定每一个光子的初始状态,存库。在每一个中子历史中,需要完成所有产生的光子的输运模拟。

3.2.2　光原反应

光子反应包含光子与原子核外电子的反应（光原反应）、光子与原子核的反应（光核反应）。其中，光原反应需要处理康普顿散射、光电效应、汤普逊散射和电子对效应。RMC 具备处理上述 4 种光原反应的计算能力，并且根据光子的能量值，分为简易物理处理模式和复杂物理处理模式。

简易物理处理模式可以处理自由电子模型的康普顿散射、吸收处理模型的光电效应和电子对效应；复杂物理处理模式包含束缚电子模型的康普顿散射、考虑修正的汤普逊散射、荧光散射模型的光电效应和电子对效应。下面分别介绍 4 种光原反应类型。

（1）康普顿散射：康普顿轮廓是很经典的光原反应模型，它描述了光子与原子核外电子发生反应的过程，即光子丢失能量的过程。此时通过能量守恒和动量守恒可以推导波长差和散射角的关系式：

$$\Delta\lambda = \lambda - \lambda_0 = \lambda_c(1 - \cos\theta) \tag{3-3}$$

式中，λ_c 是康普顿波长，常量；λ_0 是光子入射时的波长大小；λ 是光子出射时的波长大小；$\Delta\lambda$ 是光子出射时的波长相对于入射时的改变量；θ 是出射方向相对于入射方向的散射角。

RMC 模拟康普顿散射时要确定入射光子与出射光子的散射角 θ、出射光子的能量 E' 和反弹电子的动能 E_e。当一个能量为 E、权重为 W_p 的光子发生康普顿散射，产生一个光子和一个电子，光子的出射方向由 K-N 公式确定，即由出射角概率密度函数 $p(\mu)$ 抽样给出：

$$p(\mu) = \frac{\pi r_0^2}{\sigma_t(Z,\alpha)} \left(\frac{\alpha'}{\alpha}\right)^2 \left(\frac{\alpha'}{\alpha} + \frac{\alpha}{\alpha'} + \mu^2 - 1\right) \tag{3-4}$$

式中，μ 为散射角余弦；r_0 为经典电子半径 2.817938×10^{-13} cm；α 和 α' 为入射光子和出射光子的能量 $[\alpha = E/(mc)^2]$；$\sigma_t(Z,\alpha)$ 是康普顿散射微分截面。其中，$\sigma_t(Z,\alpha)$ 来自核数据库。

在确定了散射角 θ 后，再根据动量守恒和能量守恒确定出射光子的能量 E' 和反弹电子的动能 E_e：

$$E' = E \left/ \left[1 + \frac{E}{m_0 c^2}(1 - \cos\theta)\right]\right. \tag{3-5}$$

$$E_e = \frac{E'^2(1 - \cos\theta)}{m_0 c^2 + E'(1 - \cos\theta)} \tag{3-6}$$

使用 TTB 模型将产生的电子转换为一个光子继续进行输运。当然，以上只是对康普顿散射进行了简单的描述。实际上，RMC 对康普顿散射的计算过程进行了修正，并且进行了束缚态电子多普勒展宽的研究。

（2）光电效应：德国物理学家赫兹发现，在某一特定频率的电磁波照射下，光子会激发原子核外电子形成电流，同时释放若干荧光光子。所以，光电效应意味着入射光子的吸收、轨道电子的激发和荧光光子的发射。因为不同电子轨道呈现完全不同的光电效应，所以光子数据库需要提供各种核素不同的电子层的束缚能、发生跃迁的概率和荧光光子的出射能量[67]。

一个能量为 E、权重为 W_p 的光子发生光电效应，首先根据反应截面抽样碰撞核素，然后根据入射光子能量确定可能发生的反应类型。考虑到光子能量的限值，目前只考虑 K 和 L 电子层上的空洞和相应的荧光光子发射。设 K 电子层的束缚能是 E_K，L 电子层的束缚能是 E_L。表 3-1 给出了不同入射能量的光子与不同核素发生光电效应时可能发生的子反应类型。

表 3-1　不同入射能量的光子与不同核素发生光电效应的子反应类型

质量数 Z	$E>E_K$	$E_K<E<E_L$
$0<Z<12$	吸收反应	吸收反应
$12\leqslant Z<20$	$K\alpha_1(L_3\rightarrow K),K\alpha_2(L_2\rightarrow K)$	吸收反应
$20\leqslant Z<31$	$K\alpha_1(L_3\rightarrow K),K\alpha_2(L_2\rightarrow K),K\beta_1'(M\rightarrow K)$	吸收反应
$31\leqslant Z<37$	$K\alpha_1(L_3\rightarrow K),K\alpha_2(L_2\rightarrow K),K\beta_1'(M\rightarrow K),$ $K\beta_2'(N\rightarrow K)$	$L(O\rightarrow L)$
$Z>37$	$K\alpha_1(L_3\rightarrow K)、K\alpha_2(L_2\rightarrow K),K\beta_1'(M\rightarrow K),$ $K\beta_2'(N\rightarrow K),L(O\rightarrow L)$	$L(O\rightarrow L)$

根据以上可能的反应类型使用核数据库抽样确定具体的反应类型，并得到荧光光子能量和出射电子能量，荧光光子的出射方向为各向同性。在以上电子跃迁过程中会产生一个空穴，需要判断该空穴是否会产生能量大于 1keV 的荧光光子。当然，第二个荧光光子只能通过 $L(O\rightarrow L)$ 来产生。重复以上过程。

（3）汤普逊散射：当光子能量远小于电子的静止能量时，光子与自由电子的相互作用被看作弹性过程，这时会重新发散一个相同频率的光子。所以，当一个能量为 E、权重为 W_p 的光子发生汤普逊散射时，会产生一个权重和能量不变的光子，只需要确定散射角即可。散射角的分布概率密度函数为

$$p(\mu) = \pi r_0^2 (1 + \mu^2) \frac{C^2(Z, \nu)}{\sigma_2(Z, \alpha)} \tag{3-7}$$

式中,μ 为散射角余弦;r_0 为经典电子半径 2.817938×10^{-13} cm;α 为光子的能量$[\alpha = E/(mc)^2]$;$C^2(Z, \nu)$ 是与核素质量相关的汤普逊散射因子;$\sigma_2(Z, \alpha)$ 是汤普逊散射微分截面。其中,$C^2(Z, \nu)$ 和 $\sigma_2(Z, \alpha)$ 来自光子核数据库。

根据式(3-7)可以很快计算光子的出射方向,同时光子的出射能量等于入射能量,所以汤普逊散射相对于康普顿散射和光电效应较易处理。

(4)电子对效应:当入射光子的能量足够高时,能量阈值是 1.022MeV,它在原子核库仑场的作用下会转换为一个正电子和一个负电子。其中正负电子对的初始方向相反,能量值均为 0.511MeV。在纯光子输运中,正负电子对就地湮灭,变成两个能量值为 0.511MeV 的光子,分别进行输运。

上面介绍的 4 种光子与原子核外电子反应的类型、各反应发生的概率和入射光子的能量相关。在不同的能量范围内,不同反应发生的概率不同。例如,当入射光子能量较低时,光电效应占优,但是当入射光子能量较高时,电子对效应占优。图 3-1 给出了各种光原反应的相对重要性示意图。

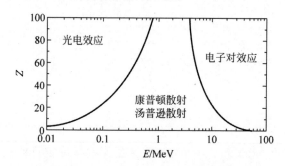

图 3-1　各种光原反应的相对重要性示意图

3.2.3　光核反应

光子除了跟原子核外的电子发生光原反应以外,还能跟原子核发生反应,这类反应叫作"光核反应"。光核反应要求光子具有很高的入射能量,其反应阈能一般为 5MeV。当光子与原子核发生光核反应时,光子首先会被吸收,原子核处于激发状态。然后,原子核会通过一系列退激发方式释放若干粒子。实际上,光核反应的物理机制很复杂,需要考虑量子力学等现代物理学的理论知识。光核反应发生的概率很小,相对于光原反应基本上可以忽略不计,但是对于某些特殊用途的堆型和核素,光核反应的计算能力又至关重要。

目前,RMC 主要的光核反应机制是巨偶极共振吸收和准氘核子对吸收。其中,巨偶极共振吸收是光子与原子核整体发生相互作用,导致原子核整体被激发。准氘核子对吸收是光子与原子核内一个关联的中子-质子对发生相互作用,从而导致原子核激发。光核反应的截面很小,理论上只能占到光子反应份额的 5%～6%,图 3-2 以铀-235 为例子,给出了光核反应截面随能量的变化趋势。

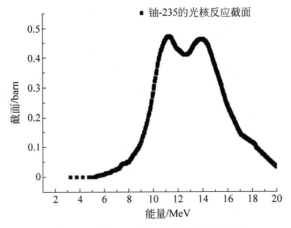

图 3-2　铀-235 光核反应截面趋势图

barn,面积单位,$1\mathrm{barn}=1\times10^{-24}\,\mathrm{cm}^2$

光子发生光核反应以后,会释放一个或多个次级粒子。这些次级粒子包括光子、中子、质子、氘核、氚核、氦核、α 粒子和裂变碎片。当然,各种次级粒子的产生都有对应的能量阈值,而产生的次级粒子的初始能量则由入射光子的能量和相应次级粒子的分离能决定。光核反应产生的次级粒子会通过一些预平衡机制出射。目前,RMC 只能处理次级粒子为中子、光子和电子的光核反应类型,而且光核反应在 RMC 中默认是关闭的,只有在输入卡中填写需要执行光核计算的物理开关,程序才会执行光核反应。

3.2.4　光子核数据库

中子/光子核数据库是经过大量实验测试和理论验证的结果,它们是中子/光子物理的基础,也是蒙特卡罗方法模拟中子-光子耦合输运的必备条件。目前,RMC 模拟中子/光子输运的核数据均为 ACE 格式,通过加工

ENDF/B 评价数据库得到。其中,ENDF/B 评价数据库的光子部分来源于 EPDL 库[68]。

因为中子-光子耦合输运涉及中子产生光子反应、光原反应和光核反应。所以,模拟中子-光子耦合输运需要有 3 个部分核数据库的支持,以 CCC-710 数据包为例:①中子核数据库,如 endf60;②光原反应数据库,如 mcplib04;③光核反应数据库,如 la150u。

具备了光子输运能力和相应的核数据库以后,RMC 可以实现高效准确的纯光子输运模拟、中子-光子耦合输运模拟。其中,中子输运通过裂变反应、辐射俘获和非弹性散射产生光子,光子输运通过光核反应产生中子,产生的次级中子和次级光子会存库。在每一个中子历史中,都会模拟完成所有产生的次级光子,在每个光子历史中,也都会模拟完成所有产生的次级中子,从而实现中子输运与光子输运的耦合。图 3-3 给出了中子-光子耦合输运计算关系图。

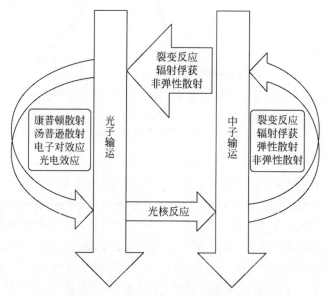

图 3-3   中子-光子耦合输运计算关系图

3.2.5   RMC 中子-光子-电子耦合输运测试

将 RMC 程序的中子输运、光子输运、电子输运进行耦合,就可以进行中子-光子-电子耦合输运计算,目前 RMC 程序具备了中子-光子-电子耦合输运的计算能力。本节使用 VENUS-Ⅱ屏蔽基准题作为测试算例,对 RMC 程序的中子-光子-电子耦合输运计算能力进行测试。该基准题是经济合作与发展组织/核能署(Organization for Economic Co-operation and Development,Nuclear Energy Agency,OECD/NEA)发布的临界屏蔽基准题,模型来源于比利时的某零功率临界反应堆。堆芯包含 12 个 15×15 组件,组件为富集度为 3.3wt.%或 4.0wt.%的 UO₂ 燃料、富集度为 2.7wt.%的 MOX 燃料。全堆的轴向模型图如图 3-4 所示,1/4 堆的轴向模型图如图 3-5 所示。

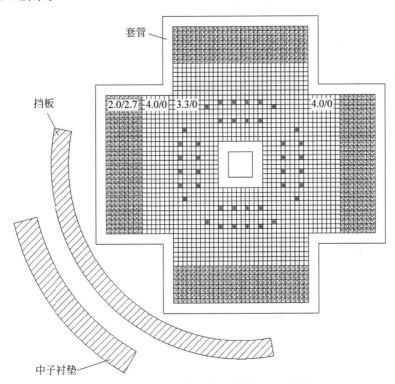

图 3-4　VENUS-Ⅱ屏蔽基准题全堆的轴向模型图

为了进行 RMC 中子-光子-电子耦合输运的测试,作者分别进行了临界计算和固定源计算,在计算过程中统计了如图 3-5 所示的某燃料棒的中子通量、光子通量和电子通量。临界计算共完成了 1000 个计算代,其中包含了 300 个非活跃代,每代粒子数为 200 000。固定源计算共完成了 1000 万个源粒子的模拟。

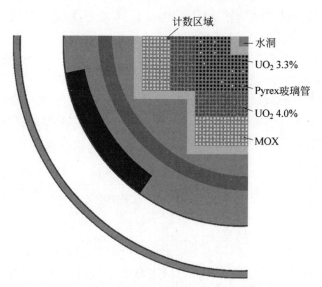

图 3-5　VENUS-Ⅱ 屏蔽基准题 1/4 堆的轴向模型图

　　MCNP 程序也具备中子-光子-电子耦合输运的计算能力。作为对比，使用 MCNP 程序在相同的计算参数下对 VENUS-Ⅱ 屏蔽基准题进行计算。将 RMC 程序的计算结果与 MCNP 程序的计算结果进行对比，考察计算结果的百分偏差和 3σ 值，计算结果如表 3-2 所示。

表 3-2　RMC 与 MCNP 的中子-光子-电子耦合输运计算结果对比

		RMC		MCNP		偏差	3σ
		通量	方差	通量	方差		
临界	中子	2.043E−02	8.748E−04	2.044E−02	9.000E−04	0.05%	0.56
	光子	1.535E−02	1.040E−03	1.537E−02	1.300E−03	0.13%	1.25
	电子	4.292E−04	2.698E−03	4.291E−04	3.300E−03	0.02%	0.09
固定源	中子	1.910E−02	1.128E−03	1.906E−02	1.100E−03	0.21%	1.86
	光子	1.461E−02	1.285E−03	1.461E−02	1.600E−03	0.00%	0.00
	电子	4.131E−04	3.158E−03	4.125E−04	3.800E−03	0.15%	0.46

　　从表 3-2 可以看出，RMC 程序的中子-光子-电子耦合输运计算得到的中子通量、光子通量和电子通量均与 MCNP 程序的计算结果吻合良好。计算结果的偏差均控制在 1% 以内，且 3σ 的值均小于 2，所以 RMC 程序已经具备了精准的中子-光子-电子耦合输运计算能力。

3.3　光子输运方法改进和优化

通过 3.2.5 节在 VENUS-Ⅱ 屏蔽基准题上的测试,可以看出 RMC 具备多粒子耦合输运计算能力,能完成精准的屏蔽计算。同时,传统的光子输运计算方法依然有提升空间。下面介绍作者在开发 RMC 的中子-光子耦合输运过程中提出的一些光子输运改进和优化的方法,主要包含①康普顿散射的多普勒展宽计算功能;②深度耦合的光子输运方法;③预处理的光子输运方法。对于光子输运改进和优化方法的测试,作者均使用了如图 3-6 所示的标准压水堆组件作为测试算例。

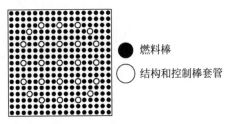

燃料棒

结构和控制棒套管

图 3-6　标准压水堆组件

3.3.1　康普顿散射的多普勒展宽

1. 康普顿轮廓

在 3.2.2 节中,作者对康普顿散射进行了介绍。实际上,康普顿在解释康普顿散射时,采用了一个很关键的假设:发生康普顿散射的电子是静止的。但是,这个假设是不准确的,原子核外的电子在高速运动,不会处于静止状态。这一假设会对出射光子能量的计算带来误差,所以作者采用了康普顿轮廓对康普顿散射进行多普勒展宽。

DuMond[69] 在考虑束缚态电子自身的运动后,改写了康普顿散射的波长差公式:

$$\Delta\lambda = \lambda - \lambda_0 = \lambda_c(1 - \cos\theta) + 2\sqrt{\lambda\lambda_0}\left(\frac{p_z}{m_e c}\right)\sin\frac{\theta}{2} \tag{3-8}$$

式中,p_z 为散射前电子的动量在入射光子运动方向上的分量。

改写后的康普顿散射波长差公式说明,康普顿散射的波长差不由散射角唯一确定,还与散射时电子的运动状态有关。所以,在考虑束缚态电子的康普顿散射时,出射光子的能量应该处于某一个能量区间,而不是一个确定的能量值。因此,需要对以上过程进行多普勒展宽的计算。

对束缚态电子的康普顿散射进行多普勒展宽时,需要用到一个物理量,那就是康普顿轮廓:

$$J(p_z) = \int_{p_x} \int_{p_y} \chi^*(\boldsymbol{p})\chi(\boldsymbol{p}) \mathrm{d}p_x \mathrm{d}p_y \tag{3-9}$$

康普顿轮廓由光子核数据库给出,它被用来计算原子核外的电子排布。对于光子输运来说,使用康普顿轮廓可以确定进行多普勒展宽时 p_z 的值。

2. 多普勒展宽方法

通过 K-N 公式确定自由电子康普顿散射的出射角,对于束缚态电子的康普顿散射,首先需要对 K-N 公式进行修正,引入康普顿形状因子,得到修正以后的出射角概率密度函数为

$$p(\mu) = \frac{\pi r_0^2}{\sigma_t(Z,\alpha)} I(Z,\nu) \left(\frac{\alpha'}{\alpha}\right)^2 \left(\frac{\alpha'}{\alpha} + \frac{\alpha}{\alpha'} + \mu^2 - 1\right) \tag{3-10}$$

式中,$I(Z,\nu)$ 是康普顿形状因子。在光子核数据库中,它以 ν 为参数,被制作成固定格式的数据。对于某一确定的核素,康普顿形状因子随参数 ν 单调递增。图 3-7 给出了康普顿形状因子随 ν 的变化趋势。

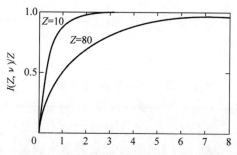

图 3-7　康普顿形状因子随 ν 的变化趋势

对 K-N 公式进行修正以后,可以通过抽样确定散射角的大小。但是,根据式(3-8),出射光子的能量值不能唯一确定,还需要知道 p_z 的值。结合式(3-3)和式(3-8)可知,考虑多普勒展宽和未考虑多普勒展宽的出射光子波长差为

$$\lambda - \lambda' = 2\sqrt{\lambda\lambda_0}\left(\frac{p_z}{m_e c}\right)\sin\frac{\theta}{2} \tag{3-11}$$

在确定了散射角 θ 后,当自由电子发生康普顿散射时,光子的出射能量可以直接算出来,但是束缚态电子发生康普顿散射时,出射能量不能唯一确定,还需要知道 p_z,它与原子核外电子的运动状态有关。使用光子核数据库中的康普顿轮廓可以抽样出 p_z,在确定了 p_z 后,就可以根据式(3-8)计算出出射光子的能量。

3. 多普勒展宽的计算结果

对如图 3-6 所示的标准压水堆组件进行测试,分别进行固定源计算和临界计算。MCNP 程序具有完善的光子输运过程,可以实现康普顿散射的修正过程,所以作者将 RMC 的计算结果与 MCNP 的计算结果进行对比。

在固定源计算模式下进行纯光子的输运计算,在组件中间设置一个初始能量为 14MeV 的光子源,一共有 5000 万个源光子。在临界计算模式下进行中子-光子耦合输运计算,在光子输运过程中不开启光核计算功能。临界计算一共有 500 个计算代,其中包含 50 个非活跃代,每代的中子数为 100 万。统计了组件中 289 个栅元的通量分布,计算结果如表 3-3 所示。

表 3-3　束缚态电子康普顿散射的多普勒展宽计算结果

计 算 模 式	多普勒展宽的通量最大偏差/%	无多普勒展宽的通量最大偏差/%
固定源计算(光子)	1.054 22	1.100 98
临界计算(光子)	0.445 97	0.542 75
临界计算(中子)	0.462 44	0.462 44

从表 3-3 的计算结果中可以看出,对束缚态电子进行多普勒展宽可以减少光子输运模拟过程中的计算偏差,所以在光子的康普顿散射进行模拟时使用康普顿轮廓进行多普勒展宽是正确的,也是必要的。

3.3.2　深度耦合的光子输运方法

1. 传统计算方法

从 3.2.1 节对中子产生光子反应的介绍中可以看出,传统的中子产生光子反应只是满足了数学上的守恒,并未保证物理意义上的自洽。为了保证中子产生光子的过程既满足数学上的守恒,又保证物理意义上的自洽性,作者基于传统的中子产生光子过程提出了深度耦合的光子输运方法。

正如 3.2.1 节中所讲,传统的中子产生光子过程先在宏观上保证了光子权重和中子权重满足真实的物理比例,确定每次中子反应产生的光子数目,然后回到微观上确定每个产生的光子的粒子状态。式(3-1)和式(3-2)描述了以上过程。

宏观上:

$$W_{\mathrm{p}} = \frac{W_{\mathrm{n}}\sigma_{\gamma}}{\sigma_{\mathrm{n}}} \tag{3-1}$$

微观上:

$$\sum_{i=1}^{n-1}\sigma_i < \xi\sum_{i=1}^{N}\sigma_i < \sum_{i=1}^{n}\sigma_i \tag{3-2}$$

实际上,在确定每个光子的粒子状态前,已经抽样确定了碰撞核素和中子发生的反应类型。所以,在确定光子的出射状态时,产生光子的具体过程应该从中子反应类型的子类型中抽样,而不是从碰撞核素所有可能产生光子的反应类型中抽样。传统的中子产生光子过程是从碰撞核素所有可能产生光子的反应类型中抽样的,因而样本空间较大,抽样次数较多,增多了计算时间。同时,这个抽样过程不满足真实的物理过程,所以作者在抽样光子反应类型时采用了深度耦合的策略。

2. 深度耦合的计算方法

深度耦合的计算方法与传统计算方法最大的区别在于当确定中子产生光子反应的类型时,选择的样本空间不同。传统计算方法的样本空间是碰撞核素所有可能的产生光子的子反应类型,假设为 N 种,深度耦合计算方法的样本空间是中子反应类型中所有可能产生光子的子反应类型,假设为 N_{p} 种。很显然,$N > N_{\mathrm{p}}$。所以,深度耦合的方法除了能够保证物理自洽性外,还能减少计算量。

定义碰撞核素能够产生光子的反应类型为 MT,中子和碰撞核素发生的反应类型为 MTR,中子和碰撞核素产光子反应的子反应类型为 MTRP。深度耦合计算方法就是要保证 MTRP 是 MTR 的子反应类,而不只是 MT 的子类型。ENDF[70] 中给出了 MTR 和 MTRP 之间的关系,表 3-4 给出了 ENDF 对子反应类型划分的规定。

表 3-4　ENDF 对子反应类型划分的规定

MTR	ΣMTR
1	2,3
3	4,5,11,16,17,18,22,37,41,42,44,45
4	50~91
18	19,20,21,38
27	18,101
101	102~117
103	600~649
104	650~699
105	700~749
106	750~799
107	800~849

在确定了中子反应的类型 MTR 以后,就可以根据表 3-4 来确定中子产生光子的子反应类型 MTRP 的样本空间,从 MTRP 的样本空间中抽样确定每个产生光子的粒子状态。表 3-5 给出了 MTR 与 MTRP 之间的对应关系。

表 3-5　MTR 与 MTRP 之间的对应关系

MTR	MTRP 样本空间
4~17,22~37,41~45	MTR,3
18~21,38	MTR,18,27,3
50~91	MTR,4,3
101~117	MTR,101,27

为了确定每个光子的粒子状态,需要抽样确定中子产生光子具体的反应类型,微观上的抽样由式(3-2)变为

$$\sum_{i=1}^{n-1}\sigma_i < \xi\sum_{i=1}^{N_p}\sigma_i < \sum_{i=1}^{n}\sigma_i \tag{3-12}$$

式中,N_p 表示某一中子反应所有可能产生光子的子反应类型数目。

宏观上,依然根据式(3-1)确定每次中子反应产生的光子数目,微观上根据式(3-12)确定每个光子的出射状态。这样,中子产生光子的过程既满足数学意义上的守恒,又满足物理意义上的自洽性,这就是深度耦合的光子输运方法。

3. 深度耦合的计算结果

为了验证深度耦合光子输运方法的正确性和必要性,对如图 3-6 所示的标准压水堆组件进行测试。在临界计算模式下进行中子-光子耦合输运计算,中子在输运过程中会产生光子,在每个中子历史中会完成所有光子的模拟。临界计算一共有 500 个计算代,其中包括 50 个非活跃代,每代粒子数为 100 万。统计组件中 289 个栅元的中子通量和光子通量,对比传统计算方法与深度耦合的计算方法,计算结果如表 3-6 所示。

表 3-6　深度耦合的光子输运方法计算结果

	传统计算方法	深度耦合计算方法
中子通量最大偏差	0.4189%	
中子通量最大偏差处的通量	2.8562E−02	2.8687E−02
中子通量最大偏差处的方差	1.1932E−03	1.1510E−03
光子通量最大偏差	0.4806%	
光子通量最大偏差处的通量	1.2484E−02	1.2424E−02
光子通量最大偏差处的方差	2.4588E−03	2.4971E−03
计算时间/min	195.9764	187.4271

从表 3-6 的计算结果中可以看出,深度耦合的光子输运方法跟传统的光子输运方法具有相同的计算精度,中子通量偏差和光子通量偏差均很小,保证在 3σ 之内,但是计算时间减少了 4.362%。所以,深度耦合的光子输运方法既能保证计算精度,又能减少计算量;同时,也使中子产生光子的输运过程具有更加严格的物理意义。

3.3.3　预处理的光子输运方法

1. 传统计算方法

光电效应[71]是光子输运过程中很重要的一种反应类型,特别是在光子入射能量较低时,发生光电效应的概率很大。3.2.2 节对光电效应进行了介绍,在使用传统方法处理光电效应时,首先根据反应截面抽样碰撞核素,然后根据入射光子能量确定可能发生的反应类型。

为了确定光电效应产生的荧光光子数及它们的出射状态,光子核数据库会给出核素 Z 的核外电子层排布、各电子层的束缚能 e、某电子层发射电子的概率 Φ 和某电子层空穴导致的荧光光子发射概率 Y。表 3-7 给出了光电效应光子核数据库的信息。

表 3-7　光电效应光子核数据列表

Z	e	Φ	Y	F
12～19	E_K	$\Phi_O=\rho_K$	$\Phi_O Y_O$	0
	E_K	$\Phi_O+\Phi_K=1$	$\Phi_O Y_O+\Phi_K Y_K$	F_K
20～30	E_K	$\Phi_O=\rho_K$	$\Phi_O Y_O$	0
	E_K		$\Phi_O Y_O+\Phi_K Y_K P_1$	$F_K\alpha_1$
	E_K		$\Phi_O Y_O+\Phi_K Y_K P_1+\Phi_K Y_K P_2$	$F_K\alpha_2$
	E_K	$\Phi_O+\Phi_K=1$	$\Phi_O Y_O+\Phi_K Y_K P_1+\Phi_K Y_K P_2+\Phi_K Y_K P_3$	$F_K\beta_1$
31～36	E_L	$\Phi_O=\rho_L$	$\Phi_O Y_O=0$	0
	E_L	$\Phi_O+\Phi_L=1$	$\Phi_O Y_O+\Phi_L Y_L$	F_L
	E_K		$\Phi_O Y_O+\Phi_L Y_L+\Phi_K Y_K P_1$	$F_K\alpha_1$
	E_K		$\Phi_O Y_O+\Phi_L Y_L+\Phi_K Y_K P_1+\Phi_K Y_K P_2$	$F_K\alpha_2$
	E_K	$\Phi_O+\Phi_L+\Phi_K=1/\rho_K$	$\Phi_O Y_O+\Phi_L Y_L+\Phi_K Y_K P_1+\Phi_K Y_K P_2+\Phi_K Y_K P_3$	$F_K\beta_1$

表 3-7 中：下标 O 代表电子层的编号；下标 K 和 L 分别代表 K 和 L 电子层；F 是某个子反应类型；α 和 β 代表某种能级跃迁，例如，$K\alpha_1(L_3\rightarrow K)$、$K\alpha_2(L_2\rightarrow K)$、$K\beta_1(M\rightarrow K)$、$K\beta_2(N\rightarrow K)$ 和 $L(O\rightarrow L)$。有了以上数据就可以抽样确定光电效应发生的具体过程。

举两个例子，对于某核素 $30<Z<37$：①如果光子的入射能 $E>E_K$，抽取的随机数在 $Y_4/(\Phi_O+\Phi_L+\Phi_K)$ 和 $Y_3/(\Phi_O+\Phi_L+\Phi_K)$ 之间，则意味着发生的反应类型为 $FK\alpha_2$ 荧光发射；②如果入射光子的能量 E 满足 $E_L<E<E_K$，抽取的随机数在 $Y_2/(\Phi_O+\Phi_L)$ 和 $Y_1/(\Phi_O+\Phi_L)$ 之间，则发生了 F_L 荧光发射。

2. 预处理的计算方法

传统的光电效应需要频繁地对光子核数据进行处理，特别是在判断荧光发射的反应类型时，需要频繁地做除法运算，很浪费计算资源。预处理的光子输运方法就是通过预处理光子核数据库，使程序在判断光电效应荧光发射的反应类型时，不需要再对光子核数据库进行处理，直接通过抽样随机数就能确定荧光发射的反应类型。所以，需要根据原来的光子核数据库提前生成一组新的光子核数据库。新的光子核数据库看起来跟原来的光子核

数据库一样,但是一部分的数据库被修改了,例如,对于核素 $30<Z<37$,原始的光子核数据库中的 Y 被改为

$$
\begin{aligned}
Y_{F_{Ka1}} &= \frac{\phi_O Y_O + \phi_L Y_L + \phi_K Y_K P_1}{\phi_O + \phi_L + \phi_K} \\
&= (\phi_O Y_O + \phi_L Y_L + \phi_K Y_K P_1)\rho_K
\end{aligned}
\tag{3-13}
$$

$$
\begin{aligned}
Y_{F_{Ka2}} &= \frac{\phi_O Y_O + \phi_L Y_L + \phi_K Y_K P_1 + \phi_K Y_K P_2}{\phi_O + \phi_L + \phi_K} \\
&= (\phi_O Y_O + \phi_L Y_L + \phi_K Y_K P_1 + \phi_K Y_K P_{21})\rho_K
\end{aligned}
\tag{3-14}
$$

$$
\begin{aligned}
Y_{F_{K\beta1}} &= \frac{\phi_O Y_O + \phi_L Y_L + \phi_K Y_K P_1 + \phi_K Y_K P_2 + \phi_K Y_K P_3}{\phi_O + \phi_L + \phi_K} \\
&= (\phi_O Y_O + \phi_L Y_L + \phi_K Y_K P_1 + \phi_K Y_K P_2 + \phi_K Y_K P_3)\rho_K
\end{aligned}
\tag{3-15}
$$

式(3-13)～式(3-15)中,Y,Φ 和 P 均来源于原始的光子核数据库。

对于核素 $30<Z<36$,一共有 5 个电子亚层,所以一共有 5 个 Y 和 5 个 Φ,分别标记为 Y_1,Y_2,Y_3,Y_4,Y_5 和 Φ_1,Φ_2,Φ_3,Φ_4,Φ_5。新的光子核数据库将以上的 10 个数据改写为 Y_1/Φ_1,Y_1/Φ_2,Y_2/Φ_2,Y_2/Φ_3,Y_3/Φ_3,Y_3/Φ_4,Y_4/Φ_4,Y_4/Φ_5,Y_5/Φ,$Y_2/(1-\Phi_1)$。这 10 个新的核数据与原始的 10 个核数据是等价的,能满足处理光电效应所需的核数据库要求。同理,对于核素 $Z>37$,原来的 12 个数据 Y_1,Y_2,Y_3,Y_4,Y_5,Y_6 和 Φ_1,Φ_2,Φ_3,Φ_4,Φ_5,Φ_6 被改写为 Y_1/Φ_1,Y_1/Φ_2,Y_2/Φ_2,Y_2/Φ_3,Y_3/Φ_3,Y_3/Φ_4,Y_4/Φ_4,Y_4/Φ_5,Y_5/Φ_5,Y_5/Φ_6,Y_6/Φ_6,$Y_2/(1-\Phi_1)$。这 12 个新的核数据也是饱和的,也能满足处理光电效应对核数据库的要求。

有了预处理的核数据库,RMC 就可以很容易地实现预处理的光子输运计算。

3. 预处理的计算结果

为了验证预处理的光子输运方法的正确性和必要性,对如图 3-6 所示的标准压水堆组件进行测试。在固定源的计算模式下进行纯光子的输运计算,计算过程中使用了预处理的光子核数据库。在组件中心设置中子源,一共有 1 亿个源光子。统计组件中 289 个栅元的光子通量,并且对比传统光子输运方法与预处理的光子输运方法的计算结果。表 3-8 给出了预处理的光子输运方法的计算结果。

表 3-8　预处理的光子输运方法计算结果

	传统计算方法	预处理计算方法
通量最大偏差	0.0000%	
最大偏差处通量值	2.8161E−04	2.8161E−04
最大偏差处方差值	2.0456E−03	2.0456E−03
计算时间/min	379.7018	372.5593

从表 3-8 的计算结果可以看出,预处理的光子输运方法与传统的光子输运方法计算的光子通量一样,计算结果没有偏差,但是预处理的光子输运方法减少了 1.881% 的计算时间。所以,预处理的光子输运方法是正确的,也是必要的。

第4章 通用减方差方法研发

4.1 本章引论

蒙特卡罗方法相对于确定论,可以更加准确地描述几何模型,使用连续能量核数据,具有高保真性和高鲁棒性的优点。但是采用蒙特卡罗程序进行屏蔽计算时,面临着"小概率""深穿透"的技术难题。为了高效地模拟屏蔽问题,蒙特卡罗程序需要使用多种减方差技巧。减方差方法分为局部减方差和全局减方差,局部减方差以局部探测对象为目标来指导减方差,全局减方差以全局探测对象为目标来指导减方差。本章基于 RMC 开发通用的减方差方法:自适应减方差方法、最佳源偏倚方法,来求解深穿透问题。

本章组织结构如下:4.2 节介绍局部减方差方法,即求解深穿透问题的自适应减方差方法;4.3 节介绍全局减方差方法,即最佳源偏倚方法。

4.2 求解深穿透问题的局部减方差方法

4.2.1 深穿透问题

深穿透屏蔽计算问题[72]在一定的几何空间内进行多种粒子耦合输运模拟。当使用蒙特卡罗程序模拟深穿透问题时,相空间上的不均匀性会在某些区域产生低抽样问题[73],导致计算结果误差很大,而且随着屏蔽层厚度的增加,相空间的不均匀性越强烈,低抽样现象越明显。所以,直接采用蒙特卡罗程序模拟深穿透问题是不合理的。图 4-1 描述了蒙特卡罗方法模拟深穿透问题的物理模型。

1. MC 模拟深穿透问题面临的困难

蒙特卡罗方法通过计算机模拟粒子输运过程,对大量粒子行为观察分析,用统计平均的办法,推测估计值的解。所以,一般使用大数定律和中心

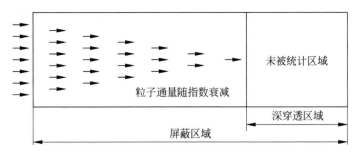

图 4-1　模拟深穿透问题的物理模型

极限定理来对蒙特卡罗方法进行误差分析。可见,蒙特卡罗方法的误差是在一定概率保证下的误差,与确定论方法具有本质的区别。

2.3 节介绍了蒙特卡罗方法误差分析的基础,其中式(2-17)、式(2-18)、式(2-19)和式(2-20)分别为大数定律、中心极限定理、相对标准偏差定义式和蒙特卡罗实际误差计算式。

深穿透问题面临着蒙特卡罗计算误差大,计算结果不可信的问题[74]。当源粒子距离探测器较远时,只有极少数的粒子能从源区域输运到探测器,有时能穿透的概率甚至小于 10^{-10},所以每 10^{10} 个源粒子可能只能在探测器产生一个有效计数。为了降低计算误差,每增加 10^{10} 个粒子的模拟,才能在探测器区域增加一个有效计数。所以,通过增加样本数的方式来减少统计误差是很不经济的,必须结合减方差技术,才能高效地完成深穿透问题的蒙特卡罗模拟。

为了更好地体现一些新的减方差方法的特点,一般会首先在一维平板模型[75]上进行测试验证。所以,国际上在研究 MC 减方差方法时常常是先在一维模型上讨论。为了说明算法的原理,作者也使用了一维平板模型。如图 4-2 所示,这是一个简单的一维平板屏蔽深穿透问题,该模型的穿透长度为 150cm,屏蔽层内是混凝土,密度为 $2.3\mathrm{g/cm^3}$。在屏蔽层的左侧设置了 4MeV 的单能各向同性中子源,在屏蔽层的右侧设置了探测器。

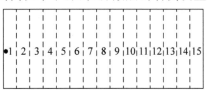

图 4-2　一维平板单材料深穿透问题

　　为了更好地展示深穿透问题在远离源粒子区域的计算误差,使用 50 万个源中子进行固定源计算,不使用任何减方差技术,采用直接模拟法,统计屏蔽层各处的中子通量及其统计偏差。单核计算时间为 2.45min,计算结果如表 4-1 所示。

表 4-1　一维平板单材料问题的直接模拟结果

区域	通量	方差	3σ 通量下限	3σ 通量上限
1	7.4215E+01	7.6025E−04	7.4046E+01	7.4384E+01
2	3.2049E+01	1.2762E−03	3.1926E+01	3.2172E+01
3	1.1370E+01	2.6578E−03	1.1279E+01	1.1461E+01
4	3.4894E+00	5.0423E−03	3.4366E+00	3.5422E+00
5	9.7932E−01	9.5321E−03	9.5132E−01	1.0073E+00
6	2.6364E−01	1.8097E−02	2.4933E−01	2.7795E−01
7	6.8944E−02	3.5442E−02	6.1613E−02	7.6275E−02
8	1.6598E−02	6.9597E−02	1.3132E−02	2.0064E−02
9	3.3186E−03	1.3300E−01	1.9945E−03	4.6427E−03
10	1.0807E−03	2.9996E−01	1.0820E−04	2.0532E−03
11	2.9676E−04	5.3705E−01	−1.8136E−04	7.7488E−04
12	1.3948E−04	8.5830E−01	−2.1967E−04	4.9863E−04
13	2.7394E−05	1.0000E+00	−5.4788E−05	1.0958E−04
14	0.0000E+00	0.0000E+00	0.0000E+00	0.0000E+00
15	0.0000E+00	0.0000E+00	0.0000E+00	0.0000E+00

　　从计算结果可以看出,在远离源粒子区域的第 14 号和第 15 号屏蔽区域没有计数。也就说是这 50 万个源中子基本没有中子输运到第 14 号和第 15 号屏蔽区域。同时,即使第 9 号、第 10 号、第 11 号、第 12 号和第 13 号区域有计数,也是标准差巨大,误差水平在 10% 以上,计算结果难以接受。使用 3σ 标准,即保证 68.27% 的置信度,可以计算出各个屏蔽区域通量取值的可信区间,将通量值和通量的取值区间画成对数坐标折线图,如图 4-3 所示。可见越远离源区域,置信区间越呈发射状,取值范围越大,计算所得的结果越不可信。

　　从以上计算结果可以看出,即使是简单的一维平板深穿透问题,采用蒙特卡罗程序进行模拟,也难以计算出较高精度的结果。为了提高蒙特卡罗程序处理深穿透问题的计算效率,需要研发各种高效的减方差方法。

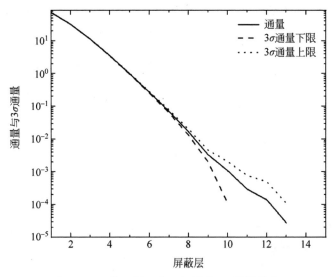

图 4-3　一维平板深穿透问题的 3σ 通量分布

2. 重要性函数

2.3 节介绍了减方差方法的数学原理,重要性函数是最重要的减方差方法。

某个相空间粒子的重要性等于单位权重的粒子对目标探测器计数贡献的大小:

$$某栅元重要性 = \frac{栅元内的粒子及其后代对探测器的贡献}{进入该栅元内的粒子总权重} \qquad (4\text{-}1)$$

实际上,栅元重要性在一定程度上代表着系统待求的全局信息,所以这是一个非线性的过程,它的求解是很困难的。但是,重要性函数对减方差方法的顺利实现又至关重要,所以需要一种可以根据不同的模型产生对应的重要性函数的方法。

3. 传统计算方法

前面介绍了采用蒙特卡罗方法求解深穿透问题的困难,同时给出了求解深穿透问题的思路,即计算出可靠的重要性参数。对于一维深穿透问题,目前主要有以下 3 种计算方法。

(1) MAGIC[57]方法:首先采用蒙特卡罗程序对计算模型进行直接模

拟,得到可穿透区域的重要性参数;然后使用该参数执行减方差计算,得到一组新的、更加深穿透区域的重要性参数;用新的重要性参数继续执行减方差计算,不断地迭代更新,直到蒙特卡罗程序可以一次性完成整个模型的屏蔽计算。MAGIC 方法很耗时,如果深穿透区域很厚,可能需要几十次甚至上百次的迭代,所以 MAGIC 方法的平均品质因子并不高,该方法的计算细节如图 4-4 所示。

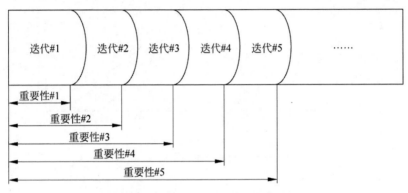

图 4-4　MAGIC 方法的计算细节

（2）降密度方法[76]:首先减少屏蔽层的密度,直到蒙特卡罗程序可以一次性计算出整体的重要性参数;然后提高屏蔽层的密度,并且使用低密度时的重要性参数进行蒙特卡罗计算,更新重要性参数,继续提高屏蔽层的密度,不停地迭代更新,直到屏蔽层的密度回到真实的密度。降密度方法也很耗时,可能需要几十次甚至几百次迭代,整体计算效率不高。图 4-5 给出了降密度方法的计算细节。

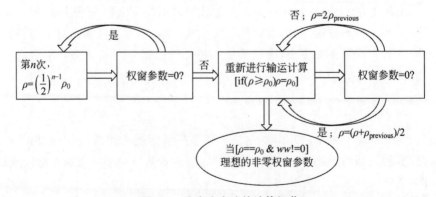

图 4-5　降密度方法的计算细节

（3）分布式权窗方法[75]：将屏蔽层划分为若干小的屏蔽区域，构造虚拟探测器和虚拟源项分别计算出各个屏蔽区域的重要性函数；将所有屏蔽层衔接在一起，构造整体的重要性函数。分布式权窗方法人为地对物理模型进行了拆分，而且不能保证各个屏蔽区域交界面的连续性，所以计算效率也不高。图 4-6 给出了分布式权窗方法的计算细节。

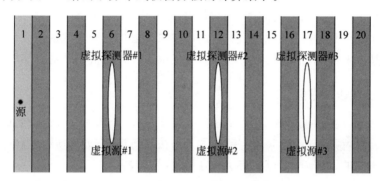

图 4-6　分布式权窗方法的计算细节

以上传统减方差方法主要围绕模型的空间变量进行迭代，即逐步穿透模型不同的空间区域，进行"空间迭代"。但是深穿透问题难就难在如何穿透模型的空间区域，所以传统减方差方法的根本出发点是不合理的。根据作者对蒙特卡罗方法的理解，即使某次蒙特卡罗计算的可信度较低，计算结果仍然大概率在真值附近进行波动。所以，应该在真值附近构造迭代过程，对模型的通量进行"波形迭代"。一旦对模型的通量波形进行迭代，迭代收敛会特别快。而且，根据蒙特卡罗方法求期望值的特点，迭代初始值的预估具有鲁棒性，即对初始值可以较随意地预估，通常也能很快实现收敛。图 4-7 简略地描述了"空间迭代"与"波形迭代"的区别。

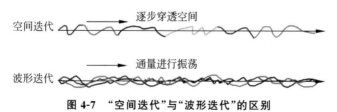

图 4-7　"空间迭代"与"波形迭代"的区别

为了构造"波形迭代"的过程，需要在开始计算前就构造初始的通量波形分布，根据初始的通量波形建立权窗参数，进行减方差计算。在这里，作者提出了穿透率守恒的概念，进而开发了自适应减方差方法。为了扩大应用范围,作者在自适应减方差方法中添加了能量变量,实现了"空间-能量均匀化"计算。同时,作者对自适应减方差方法进行了扩展,使其可以在三维物理模型中进行应用。

4.2.2 空间偏倚的自适应减方差

为了高效地求解深穿透问题,作者提出了自适应的减方差方法。该方法首次提出穿透率守恒的概念,使用该守恒量去构造通量的初始波形,从而实现减方差的"波形迭代",实现快速迭代收敛和初始值预估的鲁棒性。

1. 穿透率守恒

对于真实物理过程,穿透率守恒是显而易见的,因为它代表模型的特有属性。也就是说,不论采用何种减方差方法进行模拟,计算所得的穿透率是守恒不变的。所以,可以使用这个守恒量进行减方差。

以图 4-2 所示的一维平板深穿透模型为例,为了证明减方差技术的使用不会影响模型的穿透率,作者使用了 5 组重要性参数对该模型进行计算,其中重要性参数 P 设置为 1、2、3、4 和 5。这里的重要性参数代表从左到右、各屏蔽区域的重要性递增梯度。通过统计面通量的方式可以近似计算各组重要性参数下的中子穿透率,计算结果如表 4-2 所示。

表 4-2   一维平板模型在各组重要性参数下的穿透率

重要性	穿透率	标准差	3σ 下限	3σ 上限	计算时间/min
$P=1$	0.0000E+00	0.0000E+00	0.0000E+00	0.0000E+00	0.4585
$P=2$	2.8980E−09	3.5051E−01	−1.4933E−10	5.9453E−09	0.9988
$P=3$	1.5673E−09	6.3151E−02	1.2703E−09	1.8642E−09	3.2552
$P=4$	1.5360E−09	2.5056E−02	1.4205E−09	1.6514E−09	17.3841
$P=5$	1.5168E−09	1.7019E−02	1.4393E−09	1.5942E−09	134.3294

从表 4-2 中可以看出,当 $P=1$ 时,未能成功统计得到穿透率的值,所以直接模拟深穿透问题是不合理的。同时,当 $P=2$、3、4 和 5 时,统计得到的 4 组穿透率均在 3σ 范围内实现了守恒,减方差技术的使用并不会影响穿透率。所以,以上计算证明了穿透率守恒是模型的固有属性。

2. 重要性函数重建

确定了穿透率,可以重建指数重要性函数和等梯度重要性函数。依然以一维平板模型为例,假设该模型的穿透率为 ζ,平板的厚度为 L。将平板沿着深穿透的方向划分为 n 个屏蔽区域,一共有 $n+1$ 个交界面 $x_0,x_1,\cdots,x_{n-1},x_n$。同时,令 h_k 为面 x_0 到 x_k 的距离。

面 x_0 为发射源粒子的面,在某均一材料的屏蔽层内,使用指数函数近似沿着深穿透方向的中子面通量:

$$\phi(x_k) = \mathrm{e}^{(\ln\zeta/L)h_k}\phi(x_0) \tag{4-2}$$

式中,$\phi(x_0)$ 为面 x_0 的中子面通量;$\phi(x_k)$ 为面 x_k 的中子面通量。

假设 p_k 是屏蔽区域 $[x_{k-1},x_k]$ 的重要性参数。为了保证沿着深穿透方向的粒子数守恒,提出了如下计算式:

$$p_k \cdot \phi(x_{k-1}) = \mathrm{const} \tag{4-3}$$

然后,结合式(4-2)和式(4-3)可得

$$p_k = \frac{\phi(x_0)p_1}{\phi(x_{k-1})} = \frac{\phi(x_0)p_1}{\mathrm{e}^{(\ln\zeta/L)h_{k-1}}\phi(x_0)} = \mathrm{e}^{(\ln\zeta/L)\cdot(-h_{k-1})}p_1 \tag{4-4}$$

式中,p_1 是源区域的重要性参数,一般设置为 1。所以,各个屏蔽区域的重要性函数变形为

$$p_k = \mathrm{e}^{(\ln\zeta/L)(-h_{k-1})} \tag{4-5}$$

式(4-6)给出了指数重要性函数的表达形式,但是这个式子的形式很复杂,计算不方便。为了简化计算式,作者也给出了等梯度的重要性函数。

当各屏蔽区域的厚度相同,即 $\Delta h = x_{k+1} - x_k = \mathrm{const}$ 时,使用每个屏蔽区域内面通量的积分作为设置重要性参数的依据。在屏蔽区域 $[x_{k-1},x_k]$ 和 $[x_k,x_{k+1}]$ 内积分中子面通量,可得

$$\frac{\overset{\cdots}{\Phi}_k}{\overset{\cdots}{\Phi}_{k+1}} = \frac{\int_{h_{k-1}}^{h_k} \mathrm{e}^{(\ln\zeta/L)\cdot x}\,\mathrm{d}x}{\int_{h_k}^{h_{k+1}} \mathrm{e}^{(\ln\zeta/L)\cdot x}\,\mathrm{d}x} = \frac{\mathrm{e}^{(\ln\zeta/L)\cdot h_k} - \mathrm{e}^{(\ln\zeta/L)\cdot h_{k-1}}}{\mathrm{e}^{(\ln\zeta/L)\cdot h_{k+1}} - \mathrm{e}^{(\ln\zeta/L)\cdot h_k}}$$

$$= \mathrm{e}^{(-\ln\zeta/L)\cdot\Delta h} = \mathrm{const} = Z \tag{4-6}$$

式中,$\overset{\cdots}{\Phi}_k$ 是第 k 号屏蔽层的面通量积分。进一步化简式(4-6)可得等梯度重要性函数的具体表达式:

$$\frac{p_{k+1}}{p_k} = \frac{\overset{\cdots}{\Phi}_k}{\overset{\cdots}{\Phi}_{k+1}} = Z = \mathrm{e}^{(-\ln\zeta/L)\cdot\Delta h} = \zeta^{-\Delta h/L} \tag{4-7}$$

等梯度重要性函数的形式很简单,也便于计算。因此,可以沿着深穿透方向使用式(4-7)设置等梯度重要性函数。

以上推导过程有一个基本假设,即粒子在单一材料中,故使用了指数函数近似面通量分布。如果要将以上计算过程应用到多材料问题中,则只需要对计算模型进行分段,即每一个材料区域单独划分为一段,每一段求解得到一组重要性参数,将这些重要性参数拼接在一起,形成整体的重要性参数。当然,直接简单地将各材料区的重要性参数拼接在一起,未考虑交界面的连续性条件,肯定会对重要性参数的准确性带来偏差。虽然目前可以看到这种简单的处理方法在多材料问题中进行减方差计算的效果,但是在交界面的精确处理问题中,还有待研究。

3. 计算流程图

自适应减方差方法基于穿透率守恒,可以实现快速的迭代收敛。图 4-8 给出了自适应减方差方法的计算流程图,相应的计算步骤如下。

(1)预估每个材料区域或材料交界面的穿透率。

(2)使用预估/更新的穿透率重建指数重要性函数或等梯度重要性函数。

(3)使用重要性函数执行蒙特卡罗减方差计算。

(4)根据蒙特卡罗计算结果更新穿透率。

(5)回到第(2)步,不停地更新迭代,直到计算收敛。

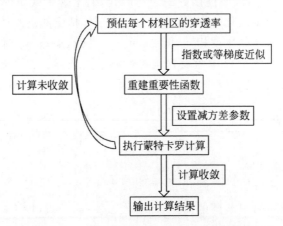

图 4-8　　自适应减方差方法的计算流程图

4. 计算结果

为了验证空间偏倚的自适应减方差方法的正确性和有效性,在如图 4-2 所示的一维屏蔽深穿透问题上进行了测试。采用固定源计算模式,统计从左到右 15 个屏蔽层的通量和对应的标准差。初始预估的穿透率是 10^{-5}，所以初始的重要性梯度是 2.1544。RMC 直接模拟法采用了 10 亿个源中子进行固定源输运，对于自适应减方差方法，每次迭代采用了 10 万个源中子。图 4-9 给出了 RMC 直接模拟法和自适应减方差方法计算的方差分布图。

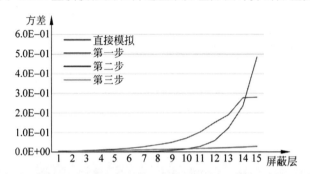

图 4-9　单材料问题直接模拟与自适应模拟的方差分布（前附彩图）

从图 4-9 中可以看出，RMC 直接模拟法计算的方差沿着深穿透方向随指数增大，所以直接模拟法在深穿透区域的计算结果不可信。自适应减方差方法计算的方差随着迭代进行在逐步展平，迭代收敛以后，整个计算模型的 15 个屏蔽区域基本上保持在同一方差水平，实现了全局的方差展平。

为了更好地对比自适应减方差方法与直接模拟法的区别，同时展示自适应减方差方法的计算特点，表 4-3 对比了自适应减方差方法与直接模拟法的计算效率，表 4-4 给出了自适应减方差方法各计算步的细节。

表 4-3　单材料问题自适应减方差方法与直接模拟法计算效率的对比

方法	粒子数	穿透率	标准差	计算时间/min	品质因子
直接模拟	1×10^{9}	3.1611E−09	4.8469E−01	4345.42	9.7958E−04
自适应模拟	100 000×3	1.5674E−09	2.8972E−02	30.6217	3.8907E+01

表 4-4　单材料问题自适应减方差方法各计算步的计算细节

计算步	重要性梯度	粒子数	穿透率	标准差	计算时间/min
第一步	2.1544	100 000	1.4157E−09	2.7964E−01	1.2409
第二步	3.8899	100 000	1.5979E−09	2.7333E−02	15.0003
第三步	3.8586	100 000	1.5674E−09	2.8972E−02	14.3805

通过分析表 4-3 和表 4-4 的计算结果可以看出:采用直接模拟法来模拟单材料问题,计算效率是很低的,而自适应模拟方法对品质因子实现了39 717 倍的提升效果;而且,因为自适应减方差方法采用了"波形迭代"的策略,所以迭代收敛很快;同时,对于初始穿透率的预估,也具有鲁棒性,即使开始预估的穿透率为 10^{-5},与真实的穿透率 10^{-9} 有较大偏差,迭代计算依然在 3 次迭代中实现了收敛。所以,自适应减方差方法在单材料问题中不但迭代收敛很快,而且迭代过程具有鲁棒性。

为了说明自适应减方差方法在连续几何和多材料模型中的正确性和有效性,本书还构造了一个多材料的深穿透问题。多材料的深穿透问题是 120cm 的一维平板,平板内是 30cm 的铁板、40cm 的混凝土和 50cm 的水屏蔽层。整个平板被均分为了 24 个屏蔽区域。多材料问题的几何图如图 4-10 所示。

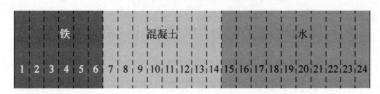

图 4-10   多材料问题的几何图

多材料问题和单材料问题最大的区别是,多材料问题不只需要预估最终的穿透率,还需要预估每个材料交界面的穿透率。在多材料深穿透问题的左边设置各向同性的 4MeV 的中子源,从左到右预估的穿透率是 10^{-1}、10^{-3} 和 10^{-5}。所以,铁板的初始重要性梯度是 1.4678,混凝土的初始重要性梯度是 1.7783,水屏蔽层的初始重要性梯度是 1.5849。直接模拟法使用了 10 亿个源中子,自适应减方差方法每个计算步使用了 100 万个源中子。统计多材料深穿透问题的 24 个屏蔽区域的通量和相应的标准差。表 4-5对比了多材料问题自适应减方差方法与直接模拟法的计算效率,表 4-6 给出了多材料问题自适应减方差方法各计算步的细节。

表 4-5   多材料问题自适应减方差方法与直接模拟法计算效率的对比

方法	粒子数	穿透率	标准差	计算时间/min	品质因子
直接模拟	1×10^9	1.9968E−09	2.7503E−01	3228.5412	4.0948E−03
自适应模拟	1 000 000×3	2.0868E−09	2.6372E−02	533.7579	2.6938E+00

表 4-6　多材料问题自适应减方差方法各计算步的计算细节

计算步	材料	重要性梯度	粒子数	穿透率	标准差	计算时间/min
第一步	铁	1.4678		6.8840E−01	1.3813E−03	
	混凝土	1.7783	1 000 000	2.9438E−03	1.6762E−03	108.8429
	水	1.5849		1.1598E−06	5.6834E−02	
第二步	铁	1.0642		6.8697E−01	1.2468E−03	
	混凝土	2.0720	1 000 000	2.9531E−03	2.0095E−03	209.3332
	水	3.9225		1.0738E−06	2.7169E−02	
第三步	铁	1.0646		6.8623E−01	1.2482E−03	
	混凝土	2.0711	1 000 000	2.9543E−03	2.0134E−03	215.5818
	水	3.9528		1.0293E−06	2.6372E−02	

从表 4-5 和表 4-6 中可以看出,自适应减方差方法在模拟多材料问题时,依然通过 3 次迭代就实现了迭代收敛。相对于直接模拟法,自适应减方差方法将 RMC 模拟深穿透问题的平均品质因子提高了 658 倍。所以,空间偏倚的自适应减方差方法可以高效地求解深穿透问题。

4.2.3　能量偏倚的自适应减方差

自适应减方差方法不仅可以对粒子的空间位置进行偏倚,还能对粒子的能量进行偏倚,从而高效地实现空间-能量均匀化。空间-能量均匀化是为了保证计算结果中各个能群的通量处于相同的计算精度。但是,要实现相同计算精度的难度对于不同能群的通量是不同的。容易获得统计信息的群通量可以相对容易地达到计算精度的要求,但是较难获得统计信息的群通量却相对较难达到计算精度的要求。

1. 各能量区间的穿透率守恒

为了能够同时对粒子的空间位置和能量进行偏倚,实现空间-能量均匀化,在空间偏倚的自适应减方差方法的基础上,引入能量值作为自变量,提出了能量偏倚的自适应减方差方法。这里先证明在深穿透问题中,各能量区间的粒子对深穿透模型也满足穿透率守恒这一基础。

以图 4-2 所示的一维平板深穿透模型为例,验证各能量区间的穿透率守恒。设置 3 个能量区间: $[0,4.1\text{E}-06]$ MeV、$[4.1\text{E}-06,9.2\text{E}-03]$ MeV 和 $[9.2\text{E}-03,10]$ MeV。依然设置如 4.2.2 节"穿透率守恒"中的 5 组重要性参数,即 $P=1$、2、3、4 和 5,这里的 P 依然表示重要性梯度。在固定源的计算模式下，一共使用了 1000 万个 4MeV 的单能中子进行输运计算。计算结果如表 4-7 所示。

表 4-7　各能量区间穿透率守恒的计算结果

重要参数	能量范围/MeV	穿透率	标准差	3σ 范围	时间/min
$P=1$	[0,4.1E−06]	0.0000E+00	0.0000E+00	0.0000E+00	3.26
	[4.1E−06, 9.2E−03]	0.0000E+00	0.0000E+00	0.0000E+00	
	[9.2E−03,10]	0.0000E+00	0.0000E+00	0.0000E+00	
$P=2$	[0,4.1E−06]	1.7939E−09	5.0530E−02	[1.5220E−09, 2.0658E−09]	7.56
	[4.1E−06, 9.2E−03]	8.2487E−10	2.6282E−01	[1.7449E−10, 1.4752E−09]	
	[9.2E−03,10]	9.4265E−10	1.3173E−01	[5.7012E−10, 1.3152E−09]	
$P=3$	[0,4.1E−06]	1.7991E−09	5.9928E−03	[1.7668E−09, 1.8314E−09]	24.48
	[4.1E−06, 9.2E−03]	8.2536E−10	1.5779E−02	[7.8629E−10, 8.6443E−10]	
	[9.2E−03,10]	9.3357E−10	1.2874E−02	[8.9751E−10, 9.6963E−10]	
$P=4$	[0,4.1E−06]	1.8022E−09	2.3715E−03	[1.7894E−09, 1.8151E−09]	131.37
	[4.1E−06, 9.2E−03]	8.2288E−10	3.7452E−03	[8.1363E−10, 8.3212E−10]	
	[9.2E−03,10]	9.4119E−10	3.7504E−03	[9.3060E−10, 9.5178E−10]	
$P=5$	[0,4.1E−06]	1.8006E−09	1.5843E−03	[1.7920E−09, 1.8092E−09]	1010.75
	[4.1E−06, 9.2E−03]	8.2049E−10	2.0464E−03	[8.1545E−10, 8.2553E−10]	
	[9.2E−03,10]	9.3934E−10	2.1343E−03	[9.3333E−10, 9.4535E−10]	

从表 4-7 中可以看出，除了在 $P=1$ 时未统计到穿透率，使用其他几组重要性参数统计的穿透率都在 3σ 的范围内保证了守恒。所以，各能量区间

的粒子穿透率是守恒的,不受减方差方法的影响。各能量区间的穿透率守恒是物理模型的固有属性,可以用其来指导蒙特卡罗程序进行能量偏倚。

2. 能量偏倚的重要性函数重建

为了保证所有群通量处于相同的计算精度,在重建重要性函数时引入了能量值 M 这个自变量。在深穿透方向上,各能群的粒子数守恒,式(4-3)改写为

$$p_{k,E_m}\phi(x_{k-1},E_m)=\text{const} \tag{4-8}$$

相应的指数重要性函数改写为

$$p_{k,E_m}=e^{(\ln\zeta_{E_m}/L)\cdot(-h_{k-1})} \tag{4-9}$$

相应的等梯度重要性函数改写为

$$\frac{p_{k+1,E_m}}{p_{k,E_m}}=\frac{\overset{\cdots}{\Phi}_{k,E_m}}{\overset{\cdots}{\Phi}_{k+1,E_m}}=Z=e^{(-\ln\zeta_{E_m}/L)\cdot\Delta h}=\zeta_{E_m}^{-\Delta h/L} \tag{4-10}$$

式(4-8)～式(4-10)中,下标 E_m 表示当能量为 E_m 时各物理量的值。有了跟能量相关的重要性函数表达式,就可以同时对粒子的空间位置和能量进行偏倚。

3. 计算结果

依然以图 4-2 和图 4-10 的一维单材料问题和一维多材料问题作为计算模型,验证能量偏倚的自适应减方差方法的正确性和必要性。

在进行空间-能量均匀化计算之前要对能量进行分群,本次计算设置了 7 个群,参考 C5G7 基准题的能量分箱,一共有 7 个能量区间:$[0.0,1.3E-07]$MeV,$[1.3E-07,6.3E-07]$MeV,$[6.3E-07,4.1E-06]$MeV,$[4.1E-06,5.56E-05]$MeV,$[5.56E-05,9.2E-03]$MeV,$[9.2E-03,1.36E+00]$MeV,$[1.36E+00,10]$MeV。为了统计各能量区间的穿透率,使用了能量权窗的计算功能。对于单材料问题,各能量区间预估的初始穿透率均为 10^{-5},所以各能量区间初始的重要性梯度是 2.1544。对于多材料问题,各能量区间在材料分界面预估的初始穿透率依次为 10^{-1}、10^{-3} 和 10^{-5},所以各能量区间的初始重要性梯度依次是 1.4678、1.7783 和 1.5849。采用固定源计算模式,分别采用 RMC 进行直接模拟和能量偏倚自适应减方差模拟,结果分别如表 4-8 和表 4-9 所示。

表 4-8 单材料问题直接模拟法与能量偏倚的自适应模拟法计算效率对比

方法	粒子数	能量值	穿透率	标准差	时间/min	品质因子	加速效果
直接	5.0E+10	1.3E−07	1.7716E−09	6.8440E−02	16 031	1.3317E−02	
		6.3E−07	3.2317E−09	4.2180E−01		3.5061E−04	
		4.1E−06	4.9688E−10	7.3219E−01		1.1636E−04	
		5.56E−05	1.1612E−09	4.9023E−01		2.5956E−04	
		9.2E−03	8.9197E−10	4.2756E−01		3.4123E−04	
		1.36E+00	1.0056E−09	2.3383E−01		1.1409E−03	
		1.0E+01	1.0857E−09	2.0070E−01		1.5486E−03	
自适应	3×10 000	1.3E−07	1.8996E−09	2.3788E−02	520	3.3967E+00	255
		6.3E−07	2.9041E−09	3.9176E−02		1.2524E+00	3572
		4.1E−06	4.4407E−10	4.0133E−02		1.1933E+00	10 256
		5.56E−05	1.0300E−10	4.3794E−02		1.0022E+00	3861
		9.2E−03	8.2607E−10	2.7448E−02		2.5512E+00	7476
		1.36E+00	9.5145E−10	1.9758E−02		4.9239E+00	4316
		1.0E+01	1.0397E−09	1.6777E−02		6.8287E+00	4410

表 4-9 多材料问题直接模拟法与能量偏倚的自适应模拟法计算效率对比

方法	粒子数	能量值	穿透率	标准差	时间/min	品质因子	加速效果
直接	5.0E+9	1.3E−07	1.2786E−04	2.2751E−01	1229	1.5725E−02	
		6.3E−07	3.1955E−07	3.4044E−01		7.0226E−03	
		4.1E−06	2.8811E−08	7.7587E−01		1.3521E−03	
		5.56E−05	6.4165E−09	7.1236E−01		1.6039E−03	
		9.2E−03	1.6109E−09	7.2821E−01		1.5349E−03	
		1.36E+00	2.2820E−10	4.1933E−01		4.6288E−03	
		1.0E+01	2.6782E−09	5.5699E−01		2.6235E−03	
自适应	3×1000	1.3E−07	1.0499E−04	7.6639E−02	1542	1.1044E−01	7
		6.3E−07	1.7826E−07	1.2494E−01		4.1553E−02	6
		4.1E−06	1.5021E−08	8.5845E−02		8.8019E−02	65
		5.56E−05	3.6461E−09	7.7711E−02		1.0741E−01	67
		9.2E−03	1.3496E−09	7.1010E−02		1.2864E−01	84
		1.36E+00	2.3241E−10	6.4169E−02		1.5753E−01	34
		1.0E+01	3.3703E−09	6.7148E−02		1.4386E−01	54

从表 4-8 和表 4-9 中可以看出,能量偏倚的自适应减方差方法可以同

时对粒子的空间位置和能量进行偏倚,以实现空间-能量均匀化。采用能量偏倚的自适应减方差方法模拟单材料问题,蒙特卡罗方法的平均品质因子被提升了 658 倍。采用能量偏倚的自适应减方差方法模拟多材料问题,蒙特卡罗方法的平均品质因子被提升了 45 倍。所以,能量偏倚的自适应减方差方法具有迭代收敛快且迭代过程具有鲁棒性的优点,可以高效地处理深穿透问题,并且实现空间-能量均匀化。

4.2.4　自适应减方差方法在三维物理模型上的应用

目前,自适应减方差方法主要在一维模型上进行了验证。任何的减方差方法如果只能在一维模型上得到应用,其工程实用价值就会大打折扣。所以,通过采用非规则几何规则化、三维物理模型一维分解等技巧,作者扩展了自适应减方差方法的应用范围,使其在三维物理模型中也可以得到应用。

HBR2 基准题[77]是国际上著名的屏蔽计算基准题,该基准题来源于一座真实的反应堆,对于屏蔽计算方法的验证很有代表性。附录 A 给出了HBR2 屏蔽基准题详细的几何和材料情况。接下来在 HBR2 基准题上进行自适应减方差方法在三维物理模型中的应用测试。

扩展以后的自适应减方差方法在三维物理模型上的应用是分步进行的,暂时还未实现自适应过程。图 4-11 是扩展以后的自适应减方差方法的计算流程图。这里先给出计算流程图,后续计算均根据流程图一步一步地进行。

反应堆的屏蔽层是相对规则的几何形式,但是反应堆堆芯的几何形式较为复杂,为了便于对 HBR2 基准题做一维模型分解,首先要对 HBR2 基准题的轴向做非规则几何规则化。非规则几何规则化的原则是保证各个材料区的体积不变,即

$$V_{几何规则化之前} = V_{几何规则化以后} \tag{4-11}$$

图 4-12 是 HBR2 基准题的径向非规则几何规则化的图示。

对 HBR2 基准题进行径向非规则几何规则化以后,HBR2 基准题就变成了一个简单的二维模型,即轴向的圆柱体和径向的圆环。接下来对三维模型进行一维分解,图 4-13 和图 4-14 分别是 HBR2 基准题的一维径向模型和一维轴向模型。

有了 HBR2 基准题的一维径向模型和一维轴向模型以后,便可以使用自适应减方差方法计算径向一维的重要性函数和轴向一维的重要性函数。

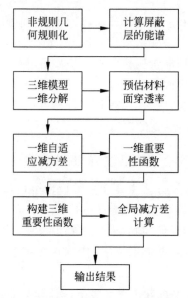

图 4-11   三维物理模型的自适应减方差方法的计算流程图

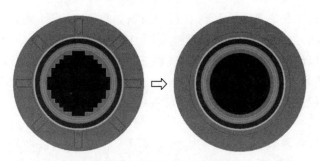

图 4-12   HBR2 基准题径向非规则几何规则化（前附彩图）

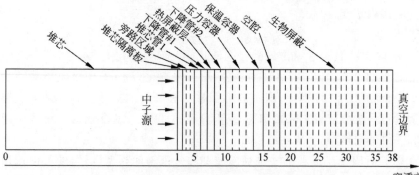

图 4-13   HBR2 基准题一维径向模型

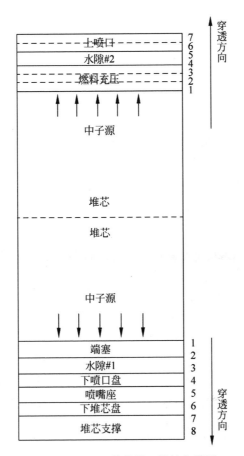

图 4-14　HBR2 基准题一维轴向模型

自适应减方差方法采用固定源计算模式,计算前需要提供深穿透区域的能谱。BUGLE-96 核数据库在反应堆屏蔽计算中得到了广泛使用,它设置了 47 个群的能群结构,使屏蔽计算的能谱具有一定的普适性。作者采用 BUGLE-96 核数据库的能群结构计算了 HBR2 基准题在堆芯和屏蔽层交界面的能谱,一共计算了 3 个交界面的能谱:堆芯与屏蔽层径向交界面、堆芯与屏蔽层轴向上部交界面和堆芯与屏蔽层轴向下部交界面。计算时间为 552min,将 3 个交界面的能谱绘制为折线图,如图 4-15 所示。

有了堆芯与屏蔽层交界面处的能谱和一维模型,便可以使用自适应减方差方法计算一维模型的重要性参数。对于一维径向模型,一共划分了 38 个屏蔽区域,而一维轴向模型一共划分了 14 个屏蔽区域。

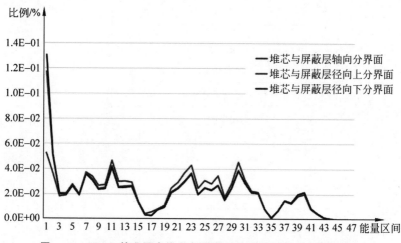

图 4-15   HBR2 基准题在堆芯与屏蔽层交界面的能谱（前附彩图）

自适应减方差方法在一维径向模型上通过 3 次迭代便实现了收敛，计算时间是 84.51min。同时，自适应减方差方法在一维轴向模型上也通过 3 次迭代便实现了收敛，计算时间是 2.57min。在获得径向一维重要性函数和轴向一维重要性函数后，使用径向一维重要性函数和轴向一维重要性函数的加权平均构建三维重要性函数。三维重要性函数与一维重要性函数的关系式如下：

$$P(r_m, h_n) = \frac{P(r_m) + P(h_n)}{2} \tag{4-12}$$

式中，$P(r_m, h_n)$ 是径向 r_m 处，轴向 h_n 处的三维重要性参数；$P(r_m)$ 是径向 r_m 处的一维重要性参数；$P(h_n)$ 是轴向 h_n 处的一维重要性参数。

有了三维重要性函数，便可以设置全堆的网格权窗参数，并且通过一次临界计算实现全局减方差。图 4-16 是 HBR2 基准题对应的三维网格。需要说明，三维模型的计算过程暂时未实现自适应，所以三维重要性参数的计算和最终的减方差计算是分步进行的。而且，在计算过程中，只是在计算三维重要性参数时使用了如图 4-16 所示的三维网格模型，在进行真实计算时对应的模型是真实的 HBR2 几何模型。

为了支持自适应减方差方法在三维物理模型上的应用，作者特地开发了 RMC 临界计算的网格权窗计算功能。使用 HBR2 基准题的三维网格权窗参数执行临界计算，计算时间是 826min。为了更好地展示自适应减方差方法在 HBR2 基准题上的计算效果，将计算所得的全堆的方差分布绘制成图 4-17。

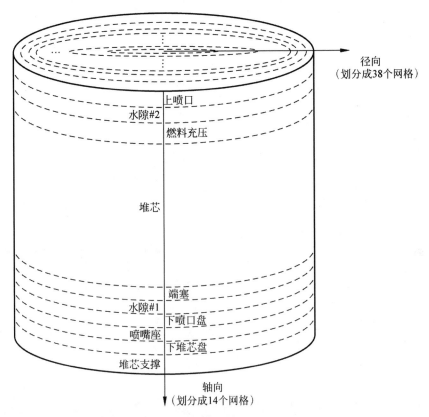

径向
（划分成38个网格）

上喷口

水隙#2

燃料充压

堆芯

端塞

水隙#1

下喷口盘

喷嘴座

下堆芯盘

堆芯支撑

轴向
（划分成14个网格）

图 4-16　HBR2 基准题的三维网格

从图 4-17 中可以看出，自适应减方差方法在全堆尺度上展平了方差分布，在对 HBR2 基准题的模拟中具有全局减方差的计算效果，为了定量地描述自适应减方差方法的计算效果，使用如下 3 个物理量来描述全局减方差的计算效果。

平均标准偏差：

$$\mathrm{AV.\,Re} = \sqrt{\frac{\displaystyle\sum_{i=1}^{N}\mathrm{Re}_i^2}{N}} \tag{4-13}$$

平均品质因子：

$$\mathrm{AV.\,FOM} = \frac{N}{T\displaystyle\sum_{i=1}^{N}\mathrm{Re}_i^2} \tag{4-14}$$

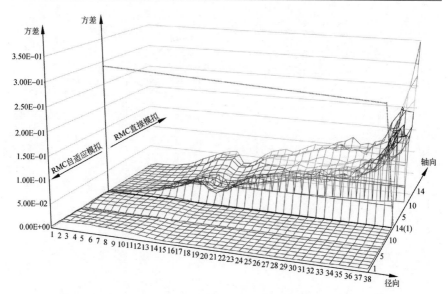

图 4-17　自适应减方差方法计算 HBR2 基准题的三维方差分布图

相对偏差标准差：

$$\sigma_{\mathrm{Re}} = \sqrt{\frac{1}{N}\sum_{i=1}^{N}\mathrm{Re}_i^2 - \frac{1}{N^2}\Big(\sum_{i=1}^{N}\mathrm{Re}_i^2\Big)^2} \tag{4-15}$$

同时，使用全局最大方差除以最小方差来定量地描述自适应减方差方法在方差展平上的计算效果。使用区域最小品质因子来描述自适应减方差在局部减方差上的计算效果。作为对比，RMC 也采用了直接模拟法对 HBR2 基准题进行计算，计算时间是 4223min，计算结果如表 4-10所示。

表 4-10　HBR2 基准题自适应模拟与直接模拟的计算结果

物理量	直接模拟	自适应模拟	直接模拟/自适应模拟
平均标准偏差	7.2371E−02	7.8766E−03	1.0884E−01
平均品质因子	4.5200E−02	1.1000E+01	2.4336E+02
相对偏差标准差	7.2181E−02	7.8764E−03	1.0912E−01
最大方差/最小方差	1.2600E+10	4.3500E+05	3.4524E−05
局部最小品质因子	1.6200E−02	6.5800E+03	4.0617E+05
计算时间/min	4223.5691	1466.0703	3.4712E−01

从表 4-10 的计算结果中可以看出,采用 RMC 直接模拟 HBR2 基准题是不可取的,计算效率很低。采用自适应减方差方法模拟 HBR2 基准题相对于直接模拟法,平均品质因子提升了 243 倍,区域最小品质因子提升了 40 617 倍。同时,自适应减方差方法很好地展平了全堆方差的分布,实现了全局减方差的计算效果。所以,自适应减方差方法可以很好地解决三维屏蔽问题,具有较大的工程实用价值。

4.3　最佳源偏倚的全局减方差方法

采用蒙特卡罗程序进行反应堆临界计算时,每个裂变源区产生和抽样的中子数基于真实的物理过程。这种计算方法保证了物理过程的正确性,但是未能保证数学上的最优化。为了实现蒙特卡罗临界计算的全局减方差,基于最佳分层抽样法和组近似方法,作者提出了最佳源偏倚方法。

4.3.1　分层抽样方法

分层抽样法[78]是在数理统计学中一类重要的统计抽样方法。分层抽样法指,当样本空间是由差异明显的几部分组成时,为了更加客观地反映总体的情况,常将整体样本划分为多个子样本进行抽样,而且各子样本的抽样比例等于各子样本在整体样本中的组成比例。所以,分层抽样法实际上改变了样本的概率分布,将整体概率分布变为了分层概率分布,从而达到减方差的计算效果。

设 $f(x)$ 是区域 D 上的概率密度函数,考虑如下数学期望:

$$R = \int_D g(x) f(x) \mathrm{d}x = E[g] \tag{4-16}$$

式中,$g(x)$ 是响应函数;$E[g]$ 是期望值。将区域 D 分解为 m 个两两不相交的子区域之和:

$$D = \bigcup_{i=1}^{m} D_i, \quad D_j \bigcap D_k = 0 (j \neq k) \tag{4-17}$$

式中,D_i,D_j 和 D_k 均表示某个子区域。设子区域 D_i 满足

$$f_i(x) = \begin{cases} f(x)/p_i, & x \in D_i \\ 0, & x \notin D_i \end{cases} \tag{4-18}$$

其中，

$$p_i = \int_{D_i} f(x)\mathrm{d}x , \quad \sum_{i=1}^{m} p_i = 1 \qquad (4\text{-}19)$$

式(4-18)和式(4-19)中，$f_i(x)$ 是子区域 D_i 上的概率密度函数；p_i 是子区域 D_i 占整体样本的比例。于是数学期望 R 改写为

$$R = \sum_{i=1}^{m} p_i \int_{D_i} g(x)f_i(x)\mathrm{d}x = \sum_{i=1}^{m} p_i R_i \qquad (4\text{-}20)$$

式中，R_i 是子区域 D_i 上的数学期望。使用平均值估计法来估计 R_i，可得

$$R = \sum_{i=1}^{m} p_i R_i \qquad (4\text{-}21)$$

所以，整体期望值变成了 m 个子样本区域的积分之和。

1. 比例分层抽样

蒙特卡罗程序使用裂变源迭代法[79]来执行临界计算，其中计算代之间通过裂变反应和中子存库耦合在一起，即当前代产生的裂变中子是下一代的初始中子源。在中子输运过程中，中子发生裂变反应，产生新的中子。所以，某一个裂变源区产生的中子数与该区域发生裂变反应的次数相关：

$$n_i = Np_i \qquad (4\text{-}22)$$

式中，N 是每个计算代的中子数；n_i 是第 i 号裂变源区的中子数；p_i 是第 i 号裂变源区产生中子的概率。

可见，传统的临界计算在空间上按照真实的物理比例来抽样源中子，这个过程就是比例分层抽样。比例分层抽样虽然具有物理意义，但是具备物理意义并不代表数学上的最优化。同时，物理上的连贯性必定带来数学上的相关性，所以计算代之间不相互独立，这导致蒙特卡罗方法的计算结果存在方差低估计的问题。

2. 最佳分层抽样

在分层抽样的过程中，从子样本区域 D_i 中按照子概率密度函数 $f_i(x)$ 抽取 N_i 个样本：$x_1^{(i)}, x_2^{(i)}, \cdots, x_{N_i}^{(i)}, i=1,2,\cdots,m$。根据平均值估计法有

$$R = \sum_{i=1}^{m} \frac{p_i}{N_i} \sum_{j=1}^{N_i} g(x_j^{(i)}) \qquad (4\text{-}23)$$

式中，$g(x_j^{(i)})$ 是子区域 D_i 上的响应函数。如果 N_i 足够大，有

$$E(R) = R \tag{4-24}$$

在每个活跃代内,需要保证在每个裂变区域中模拟的源粒子是独立的样本,所以分层抽样的方差为

$$D(R) = \sum_{i=1}^{m} \frac{p_i \sigma_i^2}{N_i} \tag{4-25}$$

式中,σ_i^2 是子区域 D_i 上的方差平方,它满足

$$\sigma_i^2 = \int_{D_i} g^2(x) f_i(x) \mathrm{d}x - R_i^2 \tag{4-26}$$

在保持总样本数不变的前提下,寻求使整体方差 $D(R)$ 最小的抽样方案,即最佳分层抽样法。令 $N_i = c_i N$,c_i 为系数,满足 $\sum_i c_i = 1$。由施瓦茨不等式(Schwarz inequality)[80]得

$$D(R) = \frac{1}{N} \sum_{i=1}^{m} p_i^2 \sigma_i^2 / c_i = \frac{1}{N} \sum_{i=1}^{m} (\sqrt{p_i^2 \sigma_i^2 / c_i})^2 \sum_{i=1}^{m} (\sqrt{c_i})^2 \geq \frac{1}{N} \left\{ \sum_{i=1}^{m} p_i \sigma_i \right\}^2 \tag{4-27}$$

当且仅当

$$c_i = p_i \sigma_i \Big/ \sum_{j=1}^{m} p_j \sigma_j \tag{4-28}$$

不等式的等号才成立,即

$$N_i = p_i \sigma_i N \Big/ \sum_{j=1}^{m} p_j \sigma_j \tag{4-29}$$

此时,方差 $D(R)$ 达到极小值

$$D(R) = \frac{1}{N} \left\{ \sum_{i=1}^{m} p_i \sigma_i \right\}^2 \tag{4-30}$$

上述推导过程提供了蒙特卡罗临界计算实现全局减方差的思路。如果将式(4-29)近似应用到临界计算的源抽样中,可以降低整体方差。在蒙特卡罗临界计算中,每个活跃代抽取的裂变源分布由比例分层抽样变为了最佳分层抽样。结合式(4-22)和式(4-29),将最佳分层抽样法转换为最佳源偏倚方法,即最佳分层抽样法通过源偏倚来近似实现。基于真实的物理过程,在子裂变区域 D_i 中按照比例分层抽样法产生了 $p_i \cdot N$ 个裂变中子后,引入最佳源偏倚因子 ε_i,通过对已经产生的裂变中子进行空间偏倚,即

$$N_i = \frac{\sigma_i}{\sum\limits_{j=1}^{m} p_j \sigma_j} \cdot p_i \cdot N = \varepsilon_i \cdot p_i \cdot N \tag{4-31}$$

相应的最佳源偏倚因子为

$$\varepsilon_i = \frac{\sigma_i}{\sum_{j=1}^{m} p_j \sigma_j} \tag{4-32}$$

上述推导实际上已经给出了最佳源偏倚法的计算过程。式(4-32)也给出了最佳源偏倚因子的计算式,但是涉及待求量 σ_i,所以这是一个非线性的过程,要么迭代求解,要么近似求解。在蒙特卡罗临界计算过程中,经过非活跃代的计算,裂变源的分布已经稳定,此时可以使用上一个活跃代计算的方差信息来近似当前代的方差信息。

但是,因为在蒙特卡罗临界计算过程中,计算代与计算代之间有相关性,相互之间并不独立,所以提出了组近似方法来减少计算代与计算代之间的相关性,修正用当前代方差信息近似下一代方差信息这一假设。

4.3.2　组近似方法

蒙特卡罗计算主要求解两个物理量:计数器均值 $\bar{x}$ 和计数器方差 σ_S^2。临界计算以计算代为单位求解均值和方差,假设一共有 N 个活跃代的计算,则计数器均值和计数器方差的计算式如下:

$$\bar{x} = \frac{1}{N} \sum_{i=1}^{i=N} x_i \tag{4-33}$$

$$\sigma_S^2 = \frac{1}{N(N-1)} \sum_{i=1}^{N} (x_i - \bar{x})^2 \tag{4-34}$$

式中, x_i 是第 i 个活跃代的计算结果。实际上,蒙特卡罗临界计算采用了裂变源迭代法,即当前代产生的裂变中子是下一代的初始中子源,计算代与计算代之间有较强的相关性。所以,式(4-34)统计得到的方差并不是真实的方差,它与真实方差之间存在负偏差 $\Delta\sigma^2$,计算式如下:

$$\Delta\sigma^2 = -\frac{2}{N(N-1)} \sum_{l=1}^{N} (N-l) \cdot C_R[l] \tag{4-35}$$

式中, $C_R[l]$ 是 l 代滞后协方差:

$$C_R[l] = E[(x_i - E[x_i])(x_{i+l} - E[x_{i+l}])] = \text{cov}[x_i, x_{i+l}] \tag{4-36}$$

可见,蒙特卡罗临界计算统计的方差偏低,即"方差低估计"现象。方差低估计直接来源于代之间的相关性,不只影响蒙特卡罗临界计算的精度,还会影响实现最佳源偏倚方法的可能性。所以,结合组统计方法和香农熵诊断,作者提出了组近似方法。

1. 组统计方法

组统计方法[81]将若干个活跃代归并到一起,减少 l 代滞后协方差,从而减弱方差低估计现象。所以,组统计方法以组为对象来统计均值和方差。

假设蒙特卡罗临界计算一共有 N 个活跃代,按照每组 M 个活跃代进行归并,则一共有 $N'=N/M$ 组计数,每组计算可表示如下:

$$y_j = \frac{1}{M}\sum_{i=(j-1)M+1}^{i=jM} x_i \tag{4-37}$$

式中,y_j 是第 j 组的计数。以组为单位统计均值和方差:

$$\bar{y} = \frac{1}{N'}\sum_{j=1}^{j=N'} y_j \tag{4-38}$$

$$\sigma_S^2 = \frac{1}{N'(N'-1)}\sum_{j=1}^{N'}(y_j-\bar{y})^2 \tag{4-39}$$

很显然,组统计方法是将整个组内的所有样本数集合为一个统计样本,所以它的相关性会明显弱于计算代的相关性。所以,组统计方法可以有效地解决方差低估计问题,弱化计算代之间的相关性,而且组长度 M 越大,效果越显著。但是,从以上的计算式中可以看出,有一个关键的问题还未解决,那就是如何确定 M 的取值。

蒙特卡罗临界计算的计算代分为活跃代和非活跃代,其中非活跃代是为了保证无论初始中子源怎么分布,经过非活跃代的计算以后,裂变源分布都保持稳定,不受初始中子源的影响。即经过了非活跃代的计算代数 N_{inactive} 以后,代与代是相互独立的。所以,可以使用非活跃代的数目 N_{inactive} 来近似组长度:

$$M \approx N_{\text{inactive}} \tag{4-40}$$

对于非活跃代的计算代数,采用了经典且有效的香农熵诊断方法来确定。

2. 香农熵诊断

传统上的反应堆物理学使用占优比来衡量中子输运方程求解的收敛速度。占优比可以很好地衡量 k_{eff} 的收敛速度,但是在衡量裂变源的收敛速度时具有明显缺陷。所以,2005 年香农熵[82]首次被引入蒙特卡罗计算中,用来判断裂变源的收敛问题,该方法被称为"香农熵诊断"。香农熵诊断认为,如果某个计算代的香农熵已经收敛,那么认为裂变源也实现了收敛。在

RMC 程序中,也开发了香农熵诊断的计算功能。香农熵的定义式为

$$H(s_i) = -\sum_B s_i^B \log_2 s_i^B \qquad (4\text{-}41)$$

式中,s_i 是第 i 代的裂变源分布;B 是空间网格划分的编号。当香农熵收敛以后,裂变源也相应收敛了,通过统计香农熵收敛所需的代数就可以确定非活跃代需要的计算代数。

4.3.3 空间最佳源偏倚

1. 计算流程图

空间最佳源偏倚方法基于最佳分层抽样法和组近似方法。计算过程根据真实物理过程产生裂变源分布,使用最佳源偏倚因子对源中子进行空间偏倚。而最佳源偏倚因子的计算需要使用组统计方法来消除方差低估计现象,并使用香农熵诊断来确定组统计的组长度。计算步骤如下。

(1)使用香农熵诊断确定组统计的组长度。

(2)设置临界计算参数和相关的组统计参数。

(3)执行临界计算,统计活跃代计算过程中的第一组均值和方差。

(4)使用统计得到的方差信息计算最佳源偏倚因子。

(5)使用最佳源偏倚因子执行临界计算,统计第二组的均值和方差。

(6)回到第(4)步,迭代更新最佳源偏倚因子,直到完成计算,输出计算结果。

图 4-18 给出了空间偏倚的最佳源偏倚方法的计算流程图。

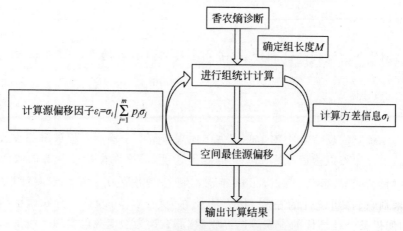

图 4-18 空间最佳源偏倚的计算流程图

2. 计算结果

为了验证空间偏倚的最佳源偏倚方法的正确性和必要性,选择了如图 4-19 所示的标准压水堆组件进行临界计算。该组件由 17×17 的栅元组成,一共统计了 289 个栅元的体通量。为了更好地观察空间偏倚的最佳源偏倚方法在展平方差上的效果,计算组件时选择了真空边界条件。

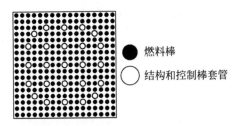

● 燃料棒

○ 结构和控制棒套管

图 4-19　标准压水堆组件几何图

首先,使用香农熵诊断计算出合适的组统计长度。每代粒子数为 50 000,一共统计了 550 个非活跃代的香农熵。计算结果如图 4-20 所示,可见经过十几次迭代以后,系统的香农熵已经收敛,所以组统计的长度选为 $M=20$。

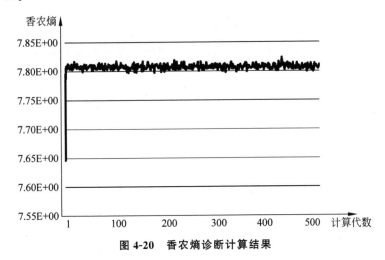

图 4-20　香农熵诊断计算结果

然后,执行临界计算,并且使用最佳源偏倚方法对源中子的空间位置进行偏倚,选择组统计的长度为 $M=20$。一共 20 个非活跃代,2000 个活跃代,所以一共有 100 次组统计,每代粒子数为 50 000。为了显示组近似方法对最佳源偏倚方法的必要性,同时计算了未采用组近似方法的最佳源偏倚方法,即 $M=1$。作为对比,执行了传统的临界计算方法。

为了定量地展示空间偏倚的最佳源偏倚方法全局减方差的计算效果,采用了式(4-13)、式(4-14)和式(4-15)来描述。同时,使用了全局最大方差除以最小方差来定量地描述空间偏倚的最佳源偏倚方法在方差展平上的效果。表 4-11 给出了空间偏倚的最佳源偏倚方法的计算结果。

表 4-11 空间偏倚的最佳源偏倚方法计算结果

计算方法	$M=1$		$M=20$	
	传统方法	最佳源偏倚	传统方法	最佳源偏倚
k_{eff}	0.571 134	0.571 044	0.571 097	0.571 134
k_{eff} 方差	0.000 075	0.000 080	0.000 084	0.000 075
$\sigma_{max}/\sigma_{min}$	3.5461	3.2806	3.5133	3.3849
AV. Re	8.4855E−04	8.6801E−04	9.6149E−04	9.1565E−04
AV. FOM	4.8755E+03	4.8727E+03	3.9685E+03	4.1566E+03
σ. Re	2.3285E−04	2.2196E−04	2.3118E−04	2.3962E−04
时间/min	284.8559	272.3837	272.573	286.9456

从表 4-11 的计算结果中可以得出如下 4 条结论。

(1)无论是否采用组近似方法,空间偏倚的最佳源偏倚方法均可以保证计算精度,因为它们在 3σ 范围内保证了守恒。

(2)无论是否采用组近似方法,空间偏倚的最佳源偏倚方法均可以在全堆尺度上展平方差分布。因为空间偏倚的最佳源偏倚方法在方差大的区域让源粒子分裂产生更多样本,在方差小的区域轮盘赌减少粒子数。

(3)如果不使用组近似方法,空间偏倚的最佳源偏倚方法因为统计样本之间的相关性,存在方差低估计的现象,导致全局减方差的计算效果不可见。

(4)使用了组近似方法的空间偏倚的最佳源偏倚方法,因为消除了方差低估计现象,可以观察到全局减方差的计算效果。

可见,空间偏倚的最佳源偏倚方法可以实现全局减方差的计算效果。但是,最佳源偏倚方法的全局减方差效果并不是特别显著,作者分析有如下 3 点原因:①最佳源偏倚方法只是借鉴了最佳分层抽样的策略,并未严格实现最佳分层抽样;②最佳源偏倚方法对待求的方差信息进行了近似处理,会影响计算效率;③相对于蒙特卡罗固定源计算,蒙特卡罗临界计算全局减方差的裕度本身就有限,所以无法实现显著的减方差效果。

4.3.4　能量最佳源偏倚

前文介绍的空间偏倚的最佳源偏倚方法只能对源中子的空间位置进行偏倚,但是对于空间-能量均匀化问题,只对源中子的空间位置进行偏倚,很显然是不够的。为了在最佳源偏倚的计算框架下实现对源中子的能量进行偏倚,作者提出了能量偏倚的最佳源偏倚方法。能量偏倚的最佳源偏倚方法可以对源中子的能量进行偏倚,实现空间-能量均匀化。

最佳源偏倚方法使用最佳源偏倚因子对源中子进行偏倚。如果需要同时对源中子的空间和能量进行偏倚,则最佳源偏倚因子需要同时包含空间变量和能量变量。式(4-32)已给出了空间偏倚的最佳源偏倚因子的计算式。假设共有 m 个裂变源区,E 个能量区间,相应地,能量偏倚的最佳源偏倚因子计算式如下:

$$\varepsilon_{i,E'} = \frac{\sigma_{i,E'}}{\sum\limits_{e=1}^{E}\sum\limits_{j=1}^{m}p_{j,e}\sigma_{j,e}} \tag{4-42}$$

式中,$\sigma_{i,E'}$ 是能量为 E',第 i 个裂变源区的方差;$p_{j,e}$ 是能量区间为 e,第 j 个裂变源区产生源中子的概率;$\sigma_{j,e}$ 是能量区间为 e,第 j 个裂变源区的方差。

1. 计算流程图

根据式(4-42)计算能量偏倚的最佳源偏倚因子,结合组近似方法便可以同时对源中子的空间位置和能量进行偏倚,具体的计算步骤跟空间偏倚的最佳源偏倚方法基本相同,只是多了能量分箱处理。计算流程图如图 4-21所示。

2. 计算结果

依然选择如图 4-19 所示的标准压水堆组件进行测试,分为 7 个能量区间:$[0.0, 1.3E-07]$MeV,$[1.3E-07, 6.3E-07]$MeV,$[6.3E-07, 4.1E-06]$MeV,$[4.1E-06, 5.56E-05]$MeV,$[5.56E-05, 9.2E-03]$MeV,$[9.2E-03, 1.36E+00]$MeV,$[1.36E+00, 10]$MeV。计算规模同空间偏倚的最佳源偏倚方法,计算结果如表 4-12 所示。

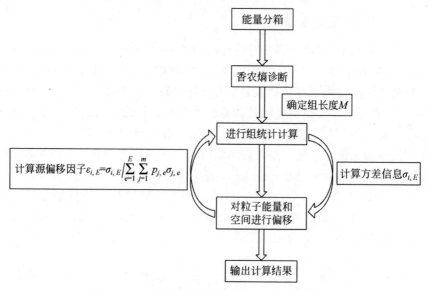

图 4-21　能量偏倚的最佳源偏倚方法计算流程图

表 4-12　能量偏倚的最佳源偏倚方法计算结果[52]

计算方法	$M=1$		$M=20$	
	传统方法	最佳源偏倚	传统方法	最佳源偏倚
k_{eff}	0.571 183	0.571 089	0.571 285	0.571 182
k_{eff} 方差	0.000 073	0.000 083	0.000 085	0.000 074
$\sigma_{max}/\sigma_{min}$	1.2345E+01	1.1409E+01	2.4054E+01	1.9762E+01
AV. Re	2.9279E−03	3.0464E−03	3.4206E−03	2.9449E−03
AV. FOM	3.6752E+02	3.4615E+02	2.8798E+02	3.7412E+02
σ. Re	2.9279E−03	3.0463E−03	3.4206E−03	2.9449E−03
时间/min	317.4036	311.2920	296.7776	308.2027

从表 4-12 的计算结果中可以得出如下 4 条结论。

（1）无论是否采用组近似方法，能量偏倚的最佳源偏倚方法均可以保证计算精度，因为它们在 3σ 范围内保证了守恒。

（2）无论是否采用组近似方法，能量偏倚的最佳源偏倚方法均可以在全堆尺度上展平方差分布。因为能量偏倚的最佳源偏倚方法在方差大的相空间让源粒子分裂产生更多样本，在方差小的相空间轮盘赌减少粒子数。

（3）如果不使用组近似方法，能量偏倚的最佳源偏倚方法会因为统计样本之间的相关性，存在方差低估计的现象，导致全局减方差的计算效果不可见。

（4）使用了组近似方法的能量偏倚的最佳源偏倚方法，因为消除了方差低估计现象，可以观察到全局减方差的计算效果。

可见，能量偏倚的最佳源偏倚方法可以同时对源中子的空间位置和能量值进行偏倚，实现空间-能量均匀化。当然，无论是空间偏倚的最佳源偏倚方法还是能量偏倚的最佳源偏倚方法，在计算过程中均做出了一定的近似，而且并未严格实现最佳分层抽样的策略，所以全局减方差的计算效果并不显著。关于这个问题，作者正在进行"均匀方差分布"的最佳源偏倚方法研究。

第 5 章　简化球谐函数法与堆芯计算程序 NLSP3 研制

5.1　本章引论

　　蒙特卡罗模拟的方差来源于随机抽样过程中的偶然性和突变性,所以蒙特卡罗减方差方法需要消除随机抽样过程中的偶然性,用平缓过程代替突变过程。在保证计算结果无偏的前提下,构造一个接近于常数的估计量是蒙特卡罗减方差方法的目标。因此,蒙特卡罗减方差方法有一个原则:凡是能解析处理的过程就不用随机抽样。基于确定论方法的混合蒙特卡罗方法是目前全局减方差方法的研究热点,如果在蒙特卡罗模拟之前就能知道全局的通量分布,便可以高效地实现全局减方差。本章介绍 RMC 基于堆芯计算程序 NLSP3 实现全局减方差的第一部分,即堆芯计算程序 NLSP3 的研发。

　　本章的组织结构如下:5.2 节介绍堆芯计算程序 NLSP3 求解的核心,即简化球谐函数法;5.3 节介绍堆芯计算程序 NLSP3 采用的求解方法,即稳定收敛的非线性迭代法。

5.2　简化球谐函数法方法研究

5.2.1　简化球谐函数法的数学意义

　　反应堆物理求解的核心是中子输运方程,它描述了大量中子在材料中徙动的行为。式(5-1)给出了稳态的中子输运方程:

$$\Omega \cdot \nabla \phi + \Sigma_t(r,E)\phi = \int_0^\infty \int_{4\pi} \Sigma_s(r,E') f(r; E' \to E, \Omega' \to \Omega) \phi(r,E',\Omega')$$
$$dE' d\Omega' + S(r,E,\Omega) \tag{5-1}$$

式中,$\Sigma_t(r,E)$ 是总反应截面;$\Sigma_s(r,E')$ 是散射截面;$f(r; E' \to E, \Omega' \to$

Ω）是散射函数；$S(r,E,\Omega)$ 是中子源项，包括裂变中子源和外中子源。

稳态中子输运方程的数学形式较为复杂，待求的物理量是中子角通量 $\phi(r,E,\Omega)$，它有 6 个自由度：空间角 $\Omega(\theta,\varphi)$、空间位置 $r(x,y,z)$ 和能量 E。直接求解中子输运是很困难的，需要借鉴数学物理方法[83]中求解偏微分方程的一些方法，例如，积分变换法、格林函数法、变分法、分离变量法等，其中，分离变量法最受关注。

中子输运方程是 3 类物理方程中的热传导问题，是亥姆霍兹方程（Helmholtz equation）的形式：

$$\Delta u + \lambda u = 0 \tag{5-2}$$

在正交曲面坐标系 (r,θ,φ) 下对亥姆赫兹方程进行分量变量，会得到向径 r 的球贝塞尔方程：

$$r^2 R'' + rR' + (k^2 r^2 - n^2)R = 0 \tag{5-3}$$

极角 θ 的缔合勒让德方程为

$$\frac{1}{\sin\theta}\frac{\mathrm{d}}{\mathrm{d}\theta}\left(\sin\theta\frac{\mathrm{d}\Theta}{\mathrm{d}\theta}\right) + \left[l(l+1) - \frac{m^2}{\sin^2\theta}\right]\Theta(\theta) = 0 \tag{5-4}$$

方位角 φ 的常微分方程为

$$\Phi'' + m\Phi = 0 \tag{5-5}$$

式(5-3)、式(5-4)和式(5-5)中，n^2，m 和 l 都是在分量变量过程中引入的常数，它们根据边界条件取某些特定的值，是方程的本征值。

在正交曲面坐标系下，空间角 Ω 包含两个自由度：极角 θ 和方位角 φ。极角 θ 的缔合勒让德方程结合方位角 φ 的常微分方程的本征函数是球谐函数：

$$Y_{l,m}(\theta,\varphi) = P_l^m(\cos\theta)(A_m\cos m\theta + B_m\sin m\theta)$$

$$= (-1)^m\sqrt{\frac{2l+1}{4\pi}\frac{(l-m)!}{(l+m)!}}P_l^m(\cos\theta)\mathrm{e}^{\mathrm{i}m\varphi} \tag{5-6}$$

球谐函数可以展开空间角 Ω，但是它的数学形式很复杂，在三维物理模型下它的展开系数难以解析表达，所以需要对球谐函数进行简化。假设方位角 φ 具有对称性，即本征值 $m=0$，此时球谐函数就会被简化为勒让德多项式，在该前提下，也就不再需要球谐函数去展开空间角，而变成用勒让德多项式展开空间角。

简化球谐函数法的根本数学思路就来源于对空间角 Ω 的简化，即假设方位角 φ 具有对称性。此时，可以使用勒让德多项式展开三维物理模型的空间角。相对于传统的球谐函数法,简化球谐函数法对空间角做了简化,计算精度有所下降,计算效率有所提升。同时,简化球谐函数法考虑了极角上的空间各向异性,所以简化球谐函数法的计算精度比扩散方程高。

5.2.2　传统 SP3 方程

传统 SP3 方程从一维平板 P3 方程出发,直接用三维算符替代一维算符,得到可以处理三维物理模型的 SP3 方程。所以,传统 SP3 方程的推导从稳态单能一维平板的中子输运方程入手。式(5-7)给出了稳态单能一维平板的中子输运方程:

$$\mu \frac{\partial \phi(x,\mu)}{\partial x} + \Sigma_t \phi(x,\mu) = \frac{1}{2\pi} \int_0^{2\pi} \int_{-1}^{+1} \Sigma_s(x,\mu_0)\phi(x,\mu')\mathrm{d}\mu'\mathrm{d}\varphi' + \frac{S(x)}{2}$$

$$(5\text{-}7)$$

式中,平均散射角余弦 $\mu = \cos\theta$; $\mu_0 = \cos(\Omega,\Omega') = \cos\theta_0$; $S(x)$ 是各向同性的中子源。使用勒让德多项式展开角通量和散射函数:

$$\phi(x,\mu_0) = \sum_{n=0}^{N} \frac{2n+1}{2}\phi_n(x)\mathrm{P}_n(\mu) \qquad (5\text{-}8)$$

$$\Sigma_s(x,\mu_0) = \sum_{n=0}^{N} \frac{2n+1}{2}\Sigma_{sn}(x)\mathrm{P}_n(\mu_0) \qquad (5\text{-}9)$$

式(5-8)和式(5-9)中,$\phi_n(x)$ 是 n 阶标通量;$\Sigma_{sn}(x)$ 是 n 阶散射截面;$\mathrm{P}_n(\mu)$ 是 n 阶勒让德多项式,它的展开系数由勒让德多项式的正交性来求解:

$$\phi_n = \int_{-1}^{+1} \phi(x,\mu)\mathrm{P}_n(\mu)\mathrm{d}\mu \qquad (5\text{-}10)$$

$$\Sigma_{sn} = \int_{-1}^{+1} \Sigma_s(x,\mu_0)\mathrm{P}_n(\mu_0)\mathrm{d}\mu_0 \qquad (5\text{-}11)$$

将式(5-8)和式(5-9)代入式(5-7)中,可得到稳态一维 PN 方程:

$$\frac{n+1}{2n+1}\frac{\mathrm{d}\phi_{n+1}(x)}{\mathrm{d}x} + \frac{n}{2n+1}\frac{\mathrm{d}\phi_{n-1}(x)}{\mathrm{d}x} + (\Sigma_t - \Sigma_{sn})\phi_n(x) = S(x)\delta_{on}$$

$$(5\text{-}12)$$

其中,0 阶中子源项可表示为

$$S_{0,g}(x) = \frac{1}{k_{\text{eff}}}\chi_g \sum_{g'=1}^{G} \nu\Sigma_{f,g'}\phi_{0,g'}(x) + Q_g(x) \qquad (5\text{-}13)$$

当 $n > 0$ 时,假设高阶中子源为 0,即 $S_{n,g}(x) = 0$。此时取 $n = 3$ 可得

P3 方程组：

$$\begin{cases} \dfrac{\mathrm{d}}{\mathrm{d}x}\phi_{1,g}(x)+\Sigma_{\mathrm{t},g}\phi_{0,g}(x)=\sum_{g'=1}^{G}\Sigma_{0,gg'}\phi_{0,g'}(x)+S_{0,g}(x) \\[3mm] \dfrac{1}{3}\dfrac{\mathrm{d}}{\mathrm{d}x}\phi_{0,g}(x)+\dfrac{2}{3}\dfrac{\mathrm{d}}{\mathrm{d}x}\phi_{2,g}(x)+\Sigma_{\mathrm{t},g}\phi_{1,g}(x)=\sum_{g'=1}^{G}\Sigma_{1,gg'}\phi_{1,g'}(x) \\[3mm] \dfrac{2}{5}\dfrac{\mathrm{d}}{\mathrm{d}x}\phi_{1,g}(x)+\dfrac{3}{5}\dfrac{\mathrm{d}}{\mathrm{d}x}\phi_{3,g}(x)+\Sigma_{\mathrm{t},g}\phi_{2,g}(x)=\sum_{g'=1}^{G}\Sigma_{2,gg'}\phi_{2,g'}(x) \\[3mm] \dfrac{3}{7}\dfrac{\mathrm{d}}{\mathrm{d}x}\phi_{2,g}(x)+\Sigma_{\mathrm{t},g}\phi_{3,g}(x)=\sum_{g'=1}^{G}\Sigma_{3,gg'}\phi_{3,g'}(x) \end{cases}$$

(5-14)

一维 P3 方程组一共有 4 个式子，为了简化方程组的形式，用零阶通量和二阶通量来替换一阶通量和三阶通量：

$$\phi_{1,g}(x)=-\frac{1}{3\Sigma_{\mathrm{t},g}}\frac{\mathrm{d}}{\mathrm{d}x}[\phi_{0,g}(x)+2\phi_{2,g}(x)] \tag{5-15}$$

$$\phi_{3,g}(x)=-\frac{3}{7\Sigma_{\mathrm{t},g}}\frac{\mathrm{d}}{\mathrm{d}x}\phi_{2,g}(x) \tag{5-16}$$

并且重新整合零阶通量和二阶通量的表达式：

$$\tilde{\phi}_{0,g}(x)=\phi_{0,g}(x)+2\phi_{2,g}(x) \tag{5-17}$$

$$\tilde{\phi}_{2,g}(x)=\phi_{2,g}(x) \tag{5-18}$$

可简化 P3 方程组得到如下方程组：

$$\begin{cases} -\dfrac{1}{3\Sigma_{\mathrm{t},g}}\dfrac{\mathrm{d}^2}{\mathrm{d}x^2}\tilde{\phi}_{0,g}(x)+\Sigma_{\mathrm{t},g}\tilde{\phi}_{0,g}(x)-2\Sigma_{\mathrm{t},g}\tilde{\phi}_{2,g}(x)=\widetilde{S}_{0,g}(x) \\[3mm] -\dfrac{9}{35\Sigma_{\mathrm{t},g}}\dfrac{\mathrm{d}^2}{\mathrm{d}x^2}\tilde{\phi}_{2,g}(x)+\dfrac{9}{5}\Sigma_{\mathrm{t},g}\tilde{\phi}_{2,g}(x)-\dfrac{2}{5}\Sigma_{\mathrm{t},g}\tilde{\phi}_{0,g}(x)=-\dfrac{2}{5}\widetilde{S}_{0,g}(x) \end{cases}$$

(5-19)

式(5-19)是传统的 P3 方程组，但是该方程组只能求解一维平板模型。为了让式(5-19)能够求解三维物理模型，引入近似：直接用三维算符替代一维算符。此时，可得到 SP3 方程。在节块 i 内，各能群通量的 SP3 方程如下：

$$\begin{cases} -D_{0,g}^{i}\,\nabla^2\tilde{\phi}_{0,g}^{i}(r)+\Sigma_{r0,g}^{i}\tilde{\phi}_{0,g}^{i}(r)-2\Sigma_{r0,g}^{i}\tilde{\phi}_{2,g}^{i}(r)=\widetilde{S}_{0,g}^{i}(x) \\[3mm] -D_{2,g}^{i}\,\nabla^2\tilde{\phi}_{2,g}^{i}(r)+\Sigma_{r2,g}^{i}\tilde{\phi}_{0,g}^{i}(r)-\dfrac{2}{5}\Sigma_{r0,g}^{i}\tilde{\phi}_{0,g}^{i}(r)=-\dfrac{2}{5}\widetilde{S}_{0,g}^{i}(x) \end{cases}$$

(5-20)

式中，$\Sigma_{r0,g} = \Sigma_{t,g} - \Sigma_{s,gg}$；$\Sigma_{r2,g} = \dfrac{9}{5}\Sigma_{t,g} - \dfrac{4}{5}\Sigma_{s,gg}$；$D_{0,g}^i = \dfrac{1}{3\Sigma_{t,g}^i}$；

$D_{2,g}^i = \dfrac{9}{35\Sigma_{t,g}^i}$；其中源项表达式为

$$\widetilde{S}_{0,g}^i(x) = \sum_{\substack{g'=1 \\ g'\neq g}}^{G} \Sigma_{0,g'g}^i \big[\tilde{\phi}_{0,g}(r) - \tilde{\phi}_{2,g}^i(r)\big] + \frac{1}{k_{\text{eff}}}\chi_g^i \sum_{g'=1}^{G} \nu\Sigma_{f,g'}^i \big[\tilde{\phi}_{0,g'}(r) -$$

$$\tilde{\phi}_{2,g}^i(r)\big] + Q_g^i(r) \tag{5-21}$$

对于定解条件，中子流和中子面通量在节块的交界处应该保持连续，满足马绍克边界条件。用（＋）和（－）分别表示出射流和入射流方向，偏中子流的表达式为

$$\begin{cases} J_0^{\pm}(r) = \dfrac{1}{4}\tilde{\phi}_0(r) \pm n \cdot \tilde{J}_0(r) - \dfrac{3}{16}\tilde{\phi}_2(r) \\[2mm] J_2^{\pm}(r) = -\dfrac{3}{80}\tilde{\phi}_0(r) \pm n \cdot \tilde{J}_2(r) + \dfrac{21}{80}\tilde{\phi}_2(r) \end{cases} \tag{5-22}$$

传统 SP3 方程的数学形式像两个耦合在一起的扩散方程。确定了 SP3 方程的具体形式和相应的边界条件后，可以采用传统的节块法进行求解。

5.2.3　严格 SPN 理论

简化球谐函数法作为下一代反应堆物理计算方法的重要备选方案受到了广泛的关注。近年，赵荣安教授针对 SPN 理论做了大量的工作，在没有任何数学近似的基础上推导出了严格的 SPN 理论。严格 SPN 理论相对于传统的 SPN 理论，给出了更加严格的边界条件，并且对边界条件给出了合理的物理解释。严格 SPN 理论的数学推导很复杂，需要有深厚的数学功底。本节简要地介绍赵荣安教授提出的严格 SPN 理论。

1. 严格 SPN 理论的数学推导

以式（5-1）所示的三维稳态中子输运方程为例，推导严格 SPN 理论。定义一个算子 U，它作用于任何函数 $\psi(r,\Omega)$，使得

$$U\psi(r,\Omega) = \psi(r,-\Omega) \tag{5-23}$$

同时定义偶对称中子角通量 $\psi_{\text{E}}(\Omega,r)$ 和奇对称中子角通量 $\psi_{\text{O}}(\Omega,r)$ 分别为

$$\psi_{\mathrm{E}}(r,\Omega) = \frac{1}{2}\big[\psi(r,\Omega) + U\psi(r,\Omega)\big] = \frac{1}{2}\big[\psi(r,\Omega) + \psi(r,-\Omega)\big]$$

$$= \psi_{\mathrm{E}}(r,-\Omega) \tag{5-24}$$

$$\psi_{\mathrm{O}}(r,\Omega) = \frac{1}{2}\big[\psi(r,\Omega) - U\psi(r,\Omega)\big] = \frac{1}{2}\big[\psi(r,\Omega) - \psi(r,-\Omega)\big]$$

$$= -\psi_{\mathrm{O}}(r,-\Omega) \tag{5-25}$$

中子通量密度等于偶对称中子角通量和奇对称中子角通量之和：

$$\psi(\Omega,r) = \psi_{\mathrm{E}}(\Omega,r) + \psi_{\mathrm{O}}(\Omega,r) \tag{5-26}$$

将式(5-24)和式(5-25)代入式(5-1)，可以推导出二阶型偶对称中子输运方程：

$$\begin{cases} -\dfrac{1}{\Sigma_{\mathrm{t}}}(\Omega \cdot \nabla)^2 \psi_{\mathrm{E}}(\Omega,r) + \Sigma_{\mathrm{t}}\psi_{\mathrm{E}}(\Omega,r) = \dfrac{Q(r)}{4\pi} \\[2mm] \psi_{\mathrm{O}}(\Omega,r) = -\dfrac{1}{\Sigma_{\mathrm{t}}}\Omega \cdot \nabla \psi_{\mathrm{E}}(\Omega,r) \end{cases} \tag{5-27}$$

采用变分法来处理式(5-27)所示的二阶型中子输运方程，并使用如下尝试函数 $L_n(\Omega,\nabla)$ 展开偶对称中子角通量 $\psi_{\mathrm{E}}(\Omega,r)$，得到

$$\psi_{\mathrm{E}}(\Omega,r) = \frac{1}{4\pi}\sum_{n \atop \mathrm{even}}(2n+1)\big[L_n(\Omega,\nabla)\big]F_n(r) \tag{5-28}$$

$$L_n(\Omega,\nabla) = \sum_{2k=0}^{n} a_{n,n-2k}\big[(\Omega \cdot \nabla)^{n-2k}\ \nabla^{2k}\big] \tag{5-29}$$

式(5-28)和式(5-29)中，$a_{n,k}$ 是勒让德多项式 $\mathrm{P}_n(\Omega)$ 的展开系数；函数 $F_n(r)$ 是过渡性的辅助函数，它给出 SPN 方程中 n 阶标通量 ϕ_n 的表达式：

$$\phi_n(r) = \nabla^n F_n(r) \tag{5-30}$$

函数 $F_n(r)$ 仅含有变量 r，其前面的系数与 r 无关。算符 $L_n(\Omega,\nabla)$ 不含有变量 r，仅含有 Ω 和算符 ∇，因此，在 $L_n(\Omega,\nabla)$ 未作用于 $F_n(r)$ 之前，$L_n(\Omega,\nabla)$ 中的 ∇ 可当作一般常量处理。如式(5-31)所示，引入单位矢量 $\overline{\nabla}$，将其代入式(5-29)改写尝试函数得

$$\overline{\nabla} = \nabla(\nabla^2)^{-1/2} \tag{5-31}$$

$$L_n(\Omega,\nabla) = \sum_{2k=0}^{n} a_{n,n-2k}\big[(\Omega \cdot \overline{\nabla})^{n-2k}\big]\ \nabla^n = \mathrm{P}_n(\Omega,\overline{\nabla})\ \nabla^n \tag{5-32}$$

此时，式(5-28)也改写为

$$\psi_{\mathrm{E}}(\Omega,r) = \sum_{\mathrm{even}} \frac{2n+1}{4\pi} [\mathrm{P}_n(\Omega,\nabla)\ \nabla^n] F_n(r) \qquad (5\text{-}33)$$

式(5-33)中,勒让德多项式的出现将简化后续的推导过程,将式(5-33)代入式(5-27),利用勒让德多项式的递推关系,可推导出 SPN 方程:

$$-\frac{n(n-1)}{(2n+1)(2n-1)\Sigma_{\mathrm{t}}} \nabla^2 \phi_{n-2}(r) - \frac{2n^2+2n-1}{(2n+3)(2n-1)\Sigma_{\mathrm{t}}} \nabla^2 \phi_n(r) -$$

$$\frac{(n+1)(n+2)}{(2n+1)(2n+3)\Sigma_{\mathrm{t}}} \nabla^2 \phi_{n+2}(r) + \Sigma_{\mathrm{t}} \phi_n(r) = Q\delta_{n0} \qquad (5\text{-}34)$$

在上述变分过程中,$F_n(r)$ 仅为过渡性的辅助函数,在最终的表达式中并不出现。同时,式(5-34)是亥姆霍兹函数形式的方程组,其中函数的二次导数回归到函数本身,所以 $F_n(r)$ 是可以通过 SPN 方程中的 $\phi_n(r)$ 来线性表达的。例如,将 ∇^{-n} 作用于式(5-30),可得下列适用于 $n \geqslant 2$ 的递推关系:

$$F_n(r) = a_n F_{n-2}(r) + b_n \nabla^2 F_n(r) + c_n \nabla^4 F_{n+2}(r) \qquad (5\text{-}35)$$

$$F_2(r) = a_2 \phi_0(r) + b_2 \phi_2(r) + c_2 \phi_4(r) \qquad (5\text{-}36)$$

$$F_4(r) = a_4 F_2(r) + b_4 \nabla^2 F_4(r) + c_4\ \nabla^4 F_6(r) \qquad (5\text{-}37)$$

$$\nabla^2 F_4(r) = a_4 \phi_2(r) + b_4 \phi_4(r) + c_4 \phi_6(r) \qquad (5\text{-}38)$$

$$\nabla^4 F_6(r) = a_6 \phi_4(r) + b_6 \phi_6(r) + c_6 \phi_8(r) \qquad (5\text{-}39)$$

考虑严格 SPN 理论的边界条件,根据中子流与中子角通量的关系,给出 n 阶偏中子流的定义式:

$$J_{n\cdot\Omega>0}^{\pm}(\Omega,r) = n \cdot \Omega [\psi_{\mathrm{E}}(\Omega,r) \pm \psi_{\mathrm{O}}(\Omega,r)] \qquad (5\text{-}40)$$

使用 n 阶勒让德多项式乘以偶对称的中子角通量,在角空间 Ω 上对式(5-40)积分,得到 n 阶偏中子流的计算式:

$$J_n^{\pm} = \int_{n\cdot\Omega>0} \mathrm{P}_n(\Omega \cdot n)(n \cdot \Omega)\psi_{\mathrm{E}}(\Omega,r)\mathrm{d}\Omega \pm$$

$$\int_{n\cdot\Omega>0} \mathrm{P}_n(\Omega \cdot n)(n \cdot \Omega)\psi_{\mathrm{O}}(\Omega,r)\mathrm{d}\Omega \qquad (5\text{-}41)$$

根据净中子流与偏中子流的关系,适当变形得到 n 阶净中子流的表达式:

$$J_n = -\frac{n(n-1)}{(2n+1)(2n-1)\Sigma_{\mathrm{t}}} \frac{\mathrm{P}_{n-1}(n \cdot \Omega_{n-2})}{n \cdot \Omega_{n-2}} n \cdot \nabla\phi_{n-2}(r) - \frac{1}{(2n+1)\Sigma_{\mathrm{t}}} \cdot$$

$$\left[\frac{(n+1)^2}{2n+3}\frac{P_{n+1}(n\cdot\Omega_n)}{n\cdot\Omega_n}+\frac{n^2}{2n-1}\frac{P_{n-1}(n\cdot\Omega_n)}{n\cdot\Omega_n}\right]n\cdot\nabla\phi_n(r)-$$

$$\frac{(n+1)(n+2)}{(2n+1)(2n+3)\Sigma_t}\frac{P_{n+1}(n\cdot\Omega_{n+2})}{n\cdot\Omega_{n+2}}n\cdot\nabla\phi_{n+2}(r) \tag{5-42}$$

从以上的推导过程可以看出，严格 SPN 理论给出了中子角通量的计算式。所以，严格 SPN 理论可以保证中子角通量在内外边界处连续，使严格 SPN 理论具有更加完备的物理意义。

2. 严格 SP3 方程及其物理意义

目前 SP3 方程最有可能取代扩散方程成为堆芯计算程序的求解器。对于严格 SPN 理论，如果在式(5-34)中取 $n=3$，就可以得到严格的 SP3 方程：

$$\begin{cases} -\dfrac{1}{3\Sigma_t}\nabla^2\phi_0-\dfrac{2}{3\Sigma_t}\nabla^2\phi_2+\Sigma_t\phi_0=Q \\ -\dfrac{2}{15\Sigma_t}\nabla^2\phi_0-\dfrac{11}{21\Sigma_t}\nabla^2\phi_2+\Sigma_t\phi_0=0 \end{cases} \tag{5-43}$$

式中，Q 是中子源项。根据式(5-43)可知，零阶通量 ϕ_0 和二阶通量 ϕ_2 存在如下关系：

$$\phi_2=\frac{1}{14}\left[-\frac{9}{5\Sigma_t^2}\nabla^2\phi_0+11\phi_0-11\frac{Q}{\Sigma_t}\right] \tag{5-44}$$

在横向积分方程的 z 轴方向上，严格 SP3 方程在内边界处需要保证中子角通量连续。其中，中子角通量的表达式为

$$\Phi_0=\frac{1}{4}\phi_0+\frac{5}{16}\left[\phi_2-\frac{3}{2}\delta_2\right] \tag{5-45}$$

$$\Phi_2=\frac{1}{16}\phi_0+\frac{5}{16}\left[\phi_2-\frac{3}{2}\delta_2\right] \tag{5-46}$$

在横向积分方程的 z 轴方向上，严格 SP3 方程对应的外边界处的净中子流表达式为

$$J_0(r)=-\frac{1}{3\Sigma_t}\frac{\partial}{\partial z}(\phi_0+2\phi_2) \tag{5-47}$$

$$J_2(r)=-\frac{9}{35\Sigma_t}\left[\frac{\partial}{\partial z}\phi_2-\frac{5}{2}\frac{\partial}{\partial z}\delta_2\right]-\frac{2}{15\Sigma_t}\frac{\partial}{\partial z}(\phi_0+2\phi_2) \tag{5-48}$$

其中，δ_2 的定义式为

$$\delta_2 = \left(\frac{\partial^2}{\partial x^2} + \frac{\partial^2}{\partial y^2}\right)\left(\frac{2}{15\Sigma_t^2}\phi_0 + \frac{11}{21\Sigma_t^2}\phi_2\right) \tag{5-49}$$

严格 SP3 方程与传统 SP3 方程最大的区别是边界条件不同。传统 SP3 方程要求在内外边界处满足标通量连续,而严格 SP3 方程要求在内外边界处角通量连续。所以严格 SP3 方程的边界条件多出了 δ_2 项,它含有切线方向的二次微分,即表现为切线方向上的泄漏。

SP3 方程的解函数 ϕ_0 和 ϕ_2 都是标量,虽然它们没有方向,但是它们的空间导数引入了角方向,因此,SP3 方程的角通量解可视为由中子密度的空间变化所造成的角通量方向变化。严格 SP3 方程给出了角通量的表达式,对于后续求解适用于 SP3 方程的不连续因子[84]和高精度的堆芯设计意义重大。

严格 SPN 理论给出了严谨的数学推导,但是在采用传统的节块法求解严格 SP3 方程时,存在数值不稳定的问题,作者对于严格 SPN 理论的数值验证做了部分工作[85]。为了保证堆芯计算程序 NLSP3 的数值稳定性,NLSP3 程序选择求解传统的 SP3 方程。

5.3　SP3 方程的非线性迭代解法研究

反应堆物理求解中子输运方程以组件均匀化理论和粗网节块法[86]为基础,通过堆芯两步法得到堆芯三维的节块功率分布。随着现代节块法的诞生,至今已经发展出了多种节块法,这些方法大大提高了反应堆物理计算的效率,并且被广泛地应用在中子扩散方程的求解中。为了进一步提高求解中子扩散方程的计算效率,20 世纪 80 年代,K. Smith[87]提出了非线性迭代法。该方法使用代数精度比较高的计算结果去修正代数精度比较低的计算过程,从而实现计算效率的提升。堆芯计算程序 NLSP3 为了提高计算效率,采用非线性迭代的策略来求解 SP3 方程。

5.3.1　传统非线性迭代法

1. SP3 方程的 CMFD 方程

非线性迭代法首先要对中子输运方程进行离散,得到粗网有限差分(coarse-mesh finite difference,CMFD)方程,然后在全堆尺度上迭代求解 CMFD 方程。以式(5-20)所示的 SP3 方程为例,在直角坐标系 (u,v,w) 上对 SP3 方程在节块 k 内进行体积积分,可以得到节块平均的中子平衡方程

（为了简便，省去节块编号 k 和能群编号 g 的标记，并且将 $\Sigma_{r0,g}^{i}$ 简写为 Σ_0，$\Sigma_{r2,g}^{i}$ 简写为 Σ_2）。

$$\sum_{u=x,y,z} \frac{1}{\Delta u}[\tilde{J}_{0u}^{u+} - \tilde{J}_{0u}^{u-}] + \Sigma_0 \bar{\phi}_0 - 2\Sigma_0 \bar{\phi}_2 = \bar{S}_0 \tag{5-50}$$

$$\sum_{u=x,y,z} \frac{1}{\Delta u}[\tilde{J}_{2u}^{u+} - \tilde{J}_{2u}^{u-}] + \Sigma_2 \bar{\phi}_2 - \frac{2}{5}\Sigma_0 \bar{\phi}_0 = -\frac{2}{5}\bar{S}_0 \tag{5-51}$$

式(5-50)和式(5-51)中，$\tilde{J}_{0u}^{u+}$ 和 $\tilde{J}_{0u}^{u-}$ 为零阶净中子流在节块 k 的右边界和左边界的值；$\tilde{J}_{2u}^{u+}$ 和 $\tilde{J}_{2u}^{u-}$ 为二阶净中子流在节块 k 的右边界和左边界的值；$\bar{\phi}_0$ 和 $\bar{\phi}_2$ 分别是节块 k 内的体积平均零阶中子通量和体积平均二阶中子通量，它们的计算式为

$$\bar{\phi}_0 = \frac{1}{V_k} \int_{-\frac{\Delta z_k}{2}}^{\frac{\Delta z_k}{2}} \int_{-\frac{\Delta y_k}{2}}^{\frac{\Delta y_k}{2}} \int_{-\frac{\Delta x_k}{2}}^{\frac{\Delta x_k}{2}} \phi_0^k(r)\,\mathrm{d}x\,\mathrm{d}y\,\mathrm{d}z \tag{5-52}$$

$$\bar{\phi}_2 = \frac{1}{V_k} \int_{-\frac{\Delta z_k}{2}}^{\frac{\Delta z_k}{2}} \int_{-\frac{\Delta y_k}{2}}^{\frac{\Delta y_k}{2}} \int_{-\frac{\Delta x_k}{2}}^{\frac{\Delta x_k}{2}} \phi_2^k(r)\,\mathrm{d}x\,\mathrm{d}y\,\mathrm{d}z \tag{5-53}$$

同时，$\bar{S}_0$ 是体积平均中子源项：

$$\bar{S}_0 = \frac{1}{V_k} \int_{-\frac{\Delta z_k}{2}}^{\frac{\Delta z_k}{2}} \int_{-\frac{\Delta y_k}{2}}^{\frac{\Delta y_k}{2}} \int_{-\frac{\Delta x_k}{2}}^{\frac{\Delta x_k}{2}} S_0^k(r)\,\mathrm{d}x\,\mathrm{d}y\,\mathrm{d}z \tag{5-54}$$

根据菲克定律，净中子流在 u 方向上的分中子流为

$$J_{g,u}^k(r) = -D_g^k \frac{\partial \phi_g^k(r)}{\partial u}, \quad u \in \{x,y,z\} \tag{5-55}$$

式中，D_g^k 是节块 k 中，能群 g 的扩散系数。根据式(5-55)可得 $\tilde{J}_{0u}^{u+}$，$\tilde{J}_{0u}^{u-}$，$\tilde{J}_{2u}^{u+}$，$\tilde{J}_{2u}^{u-}$ 的表达式为

$$\tilde{J}_{n,u}^{k,+} = J_{n,u}^k\left(\pm\frac{\Delta u_k}{2}\right) = -D_k \frac{\mathrm{d}\phi_n^k(u)}{\mathrm{d}u}\bigg|_{u=\pm\frac{\Delta u_k}{2}}, \quad n \in \{0,2\} \tag{5-56}$$

在节块 k 和节块 $k+1$ 交界面处，要保证中子流和中子通量密度连续，即

$$\tilde{J}_n^{k,+}(r) = \tilde{J}_n^{k+1,-}(r) \tag{5-57}$$

$$f_n^{k,+}\tilde{\phi}_n^{k,+}(r) = f_n^{k+1,-}\tilde{\phi}_n^{k+1,-}(r) \tag{5-58}$$

根据式(5-57)和式(5-58)可得节块表面净中子流与节块平均中子通量的差分关系式如下：

$$\widetilde{J}_{nu}^{k,+} = -D_{nu+}^{k,\mathrm{FDM}}\,(f_n^{k+1,-}\widetilde{\phi}_n^{k+1,-}(r) - f_n^{k,-}\widetilde{\phi}_n^{k,-}(r)) \tag{5-59}$$

式中，$D_{nu+}^{k,\mathrm{FDM}}$ 是伪扩散系数；它的计算式为

$$D_{nu+}^{k,\mathrm{FDM}} = D_{nu-}^{k+1,\mathrm{FDM}}\,\frac{2D_n^k D_n^{k+1}}{f_{u-}^{k+1}\,D_n^k\,\Delta u_{k+1} + f_{u+}^k\,D_n^{k+1}\,\Delta u_k} \tag{5-60}$$

当网格的尺寸较大时，CMFD 方程的计算精度较低。为了提高 CMFD 方程的计算精度，引入耦合修正因子对净中子流进行修正。此时，节块表面的净中子流的表达式为

$$\widetilde{J}_{nu}^{k,+} = -D_{nu+}^{k,\mathrm{FDM}}\,(f_n^{k+1,-}\overline{\phi}_n^{k+1}(r) - f_n^{k,-}\overline{\phi}_n^k(r)) - D_{nu+}^{k,\mathrm{NOD}} \cdot$$
$$(f_n^{k+1,-}\overline{\phi}_n^{k+1}(r) + f_n^{k,-}\overline{\phi}_n^k(r)) \tag{5-61}$$

式中，$D_{nu+}^{k,\mathrm{NOD}}$ 是非线性迭代的耦合修正因子。如果能够得到净中子流的值，就可以利用下式计算耦合修正因子：

$$D_{nu+}^{k,\mathrm{NOD}} = -\frac{D_{nu+}^{k,\mathrm{FDM}}\,(f_n^{k+1,-}\overline{\phi}_n^{k+1}(r) - f_n^{k,-}\overline{\phi}_n^k(r)) + J_{nu+}^k}{f_n^{k+1,-}\overline{\phi}_n^{k+1}(r) + f_n^{k,-}\overline{\phi}_n^k(r)} \tag{5-62}$$

可见计算耦合修正因子 $D_{nu+}^{k,\mathrm{NOD}}$ 需要已知节块表面净中子流 $J_{nu+}^{k,+}$ 的值。节块表面净中子流的计算由后续的高阶节块法求解得到。将式(5-61)代入中子平衡方程，得到关于节块平均通量的 CMFD 方程。该方程的具体形式为

$$\begin{cases}
\displaystyle\sum_{u=x,y,z}\frac{1}{\Delta u_k}\big[-(D_{0gu-}^{k,\mathrm{FDM}}-D_{0gu-}^{k,\mathrm{NOD}})f_{0gu+}^{ku-}\,\phi_{0g}^{ku-}-(D_{0gu+}^{k,\mathrm{FDM}}+D_{0gu+}^{k,\mathrm{NOD}})f_{0gu-}^{ku+}\,\phi_{0g}^{ku+}+ \\
(D_{0gu+}^{k,\mathrm{FDM}}-D_{0gu+}^{k,\mathrm{NOD}})f_{0gu+}^k\,\phi_{0g}^k+(D_{0gu-}^{k,\mathrm{FDM}}+D_{0gu-}^{k,\mathrm{NOD}})f_{0gu-}^k\,\phi_{0g}^k\big]+\Sigma_{0tg}^k\phi_{0g}^k- \\
2\Sigma_{0tg}^k\phi_{2g}^k \\
\displaystyle=\sum_{g'=1}^{G}\Big(\Sigma_{g'g}^k+\frac{\chi_g}{k_{\mathrm{eff}}}\nu\Sigma_{fg'}^k\Big)\phi_{g'}^k \\[4pt]
\displaystyle\sum_{u=x,y,z}\frac{1}{\Delta u_k}\big[-(D_{2gu-}^{k,\mathrm{FDM}}-D_{2gu-}^{k,\mathrm{NOD}})f_{2gu+}^{ku-}\,\phi_{2g}^{ku-}-(D_{2gu+}^{k,\mathrm{FDM}}+D_{2gu+}^{k,\mathrm{NOD}})f_{2gu-}^{ku+}\,\phi_{2g}^{ku+}+ \\
(D_{2gu+}^{k,\mathrm{FDM}}-D_{2gu+}^{k,\mathrm{NOD}})f_{2gu+}^k\,\phi_{2g}^k+(D_{2gu-}^{k,\mathrm{FDM}}+D_{2gu-}^{k,\mathrm{NOD}})f_{2gu-}^k\,\phi_{2g}^k\big]+\Sigma_{2tg}^k\overline{\phi}_{2g}^k- \\
\frac{2}{5}\Sigma_{0tg}^k\phi_{2g}^k \\
\displaystyle=-\frac{2}{5}\sum_{g'=1}^{G}\Big(\Sigma_{g'g}^k+\frac{\chi_g}{k_{\mathrm{eff}}}\nu\Sigma_{fg'}^k\Big)\phi_{g'}^k
\end{cases}$$

$$\tag{5-63}$$

式中,$ku\pm(u\in\{x,y,z\})$表示节块 k 在 $\pm u$ 方向上的相邻节块,N 为节块的总数,G 为能群的总数。方程(5-63)是一个 GN 阶的非线性方程组,可以采用传统的源迭代法来求解。

2. 半解析节块法

基于横向积分方程的现代节块法经过几十年的发展,得到了非常广泛的应用并取得了很好的效果,这些节块法可以分为两类。

一类是解析节块法(analytical nodal method,ANM),它使用方程的解析解去构造计算结果;另一类是采用经典的分离变量法对中子通量进行级数展开,如节块展开法(nodal expansion method,NEM)和格林函数节块法(nodal Green's function method,NGFM)。NEM 计算简单且效率高,但是在非均匀性强烈的节块交界处精度较低。ANM 能够解决这个问题,但是在求解耦合的多能群方程时存在固有的复杂性。后来,Zimin 和 Ninokata[88]等采用指数函数法和多项式展开,将该方法扩展到多群。半解析节块法(semi analytical nodal method,SANM)对横向积分方程的源项进行了近似,使用的展开多项式也是横向积分方程的齐次部分,计算分析结果证明其具有与ANM 相同的计算精度且易于实现多群计算。

在横向积分方程中,外源项用四阶多项式展开,通过剩余权重法和解析解去更新源项的系数,得到的方程组跟 NEM 的形式很像,但是 SANM 更容易解决多群问题,并且可以利用 NEM 的计算框架。在矩形节块 n(尺寸划分为 $\Delta u_x \cdot \Delta u_y \cdot \Delta u_z$)中,在 u 方向上某能群的一维横向积分方程为

$$-D_g^n\frac{\mathrm{d}^2\psi_{gu}^n(u)}{\mathrm{d}u^2}+\Sigma_{r,g}^n\psi_{gu}^n(u)$$

$$=\sum_{\substack{g'=1\\g'\neq g}}^{G}\Sigma_{s,g'g}^n\psi_{g'u}^n(u)+\sum_{g'=1}^{G}\frac{\chi_g}{k_{\mathrm{eff}}}\nu\Sigma_{\mathrm{f},g'}^n\psi_{g'u}^n(u)-L_{gu}^n(u) \quad (5\text{-}64)$$

式中,$L_{gu}^n(u)$是横向泄漏率,它可以通过相邻节块的泄漏情况得到。通常,横向泄漏率会用二阶勒让德多项式展开:

$$L_{gu}^n(u)=\sum_{i=0}^{2}b_{i,gu}^n h_i(u)$$

$$=\overline{L_{gu}^n}+\frac{L_{gu+}^n-L_{gu-}^n}{2}h_1(u)+(\overline{L_{gu}^n}-\frac{L_{gu+}^n-L_{gu-}^n}{2})h_2(u)$$

$$(5\text{-}65)$$

式中，$h_n(u)$ 是 n 阶勒让德多项式，表达式为

$$h_0(u)=1 \tag{5-66}$$

$$h_1(u)=\frac{2u}{\Delta u_n}-1 \tag{5-67}$$

$$h_2(u)=\frac{6u}{\Delta u_n}\left(1-\frac{u}{\Delta u_n}\right)-1 \tag{5-68}$$

$$h_3(u)=\frac{6u}{\Delta u_n}\left(1-\frac{u}{\Delta u_n}\right)\left(\frac{2u}{\Delta u_n}-1\right) \tag{5-69}$$

$$h_4(u)=\frac{6u}{\Delta u_n}\left(1-\frac{u}{\Delta u_n}\right)\left[5\left(\frac{u}{\Delta u_n}\right)^2-\frac{5u}{\Delta u_n}+1\right] \tag{5-70}$$

对横向中子通量密度进行四阶勒让德多项式展开，即

$$\psi_{gu}^n(u)=\sum_{i=0}^{4}c_{i,gu}^n h_i(u) \tag{5-71}$$

将式(5-65)和式(5-71)代入式(5-64)，并且令

$$\alpha_{gu}^n=\sqrt{\frac{\Sigma_g^n}{D_g^n}}\frac{\Delta u_n}{2} \tag{5-72}$$

式(5-64)可改写为

$$\frac{4}{\Delta u_n^2}\frac{\mathrm{d}^2\psi_{gu}^n(u)}{\mathrm{d}u^2}-(\alpha_{gu}^n)^2\psi_{gu}^n(u)$$

$$=-\frac{4}{D_g^n\Delta u_n^2}\left[\sum_{\substack{g'=1\\g'\neq g}}^{G}\Sigma_{s,g'g}^n\sum_{i=0}^{4}c_{i,gu}^n h_i(u)+\sum_{g'=1}^{G}\frac{\chi_g}{k_{\mathrm{eff}}}\nu\Sigma_{f,g'}^n\sum_{i=0}^{4}c_{i,gu}^n h_i(u)-\right.$$

$$\left.\sum_{i=0}^{2}b_{i,gu}^n h_i(u)\right]$$

$$=-\frac{4}{D_g^n\Delta u_n^2}\sum_{i=0}^{4}p_{i,gu}^n h_i(u) \tag{5-73}$$

求解式(5-73)得到解析解为

$$\psi_{gu}^n(u)=c_{1,gu}^n\sinh\left(\frac{2a_{gu}^n u}{\Delta u_n}-a_{gu}^n\right)+c_{2,gu}^n\cosh\left(\frac{2a_{gu}^n u}{\Delta u_n}-a_{gu}^n\right)+\sum_{i=0}^{4}d_{i,gu}^n h_i(u) \tag{5-74}$$

为了求解展开系数 $d_{i,gu}^n$，进行剩余权重法 $w_1(u)=h_1(u)$ 和 $w_2(u)=h_2(u)$ 的计算：

$$\int_0^{\Delta u_n} \left[\sum_{\substack{g'=1 \\ g' \neq g}}^{G} \Sigma_{s,g'g}^n \psi_{gu}^n(u) + \sum_{g'=1}^{G} \frac{\chi_g}{k_{eff}} \nu \Sigma_{f,g'}^n \psi_{gu}^n(u) - \right.$$

$$\left. \sum_{i=0}^{2} b_{i,gu}^n h_i(u) - \sum_{i=0}^{4} p_{i,gu}^n h_i(u) \right] w_i(u) \mathrm{d}u = 0 \tag{5-75}$$

计算式(5-75)，通过适当变形可以得到 SANM 的四阶多项式：

$$P_0(u) = 1 \tag{5-76}$$

$$P_1(u) = \frac{u}{\Delta u/2} = t \tag{5-77}$$

$$P_2(u) = \frac{1}{2}(3t^2 - 1) \tag{5-78}$$

$$P_3(u) = \frac{\sinh(\alpha_{gu}^n t) - m_{u1}^n(\sinh) p_1(t)}{\sinh(\alpha_{gu}^n) - m_{u1}^n(\sinh)} \tag{5-79}$$

$$P_4(u) = \frac{\cosh(\alpha_{gu}^n t) - m_{nu0}^n(\cosh) p_0(t) - m_{u2}^n(\cosh) p_2(t)}{\cosh(\alpha_{gu}^n) - m_{u0}^n(\cosh) - m_{u2}^n(\cosh)} \tag{5-80}$$

式(5-76)~式(5-80)中，

$$u \in \left[-\frac{\Delta u_n}{2}, \frac{\Delta u_n}{2} \right]; \quad N_i = 2/(2i+1); \quad i = 0,1,2 \tag{5-81}$$

$$m_{nu1}^k(\sinh) = 1/N_1 \int_{-1}^{1} \sinh(\alpha_{n,gu}^k t) p_{n1}(t) \mathrm{d}t \tag{5-82}$$

$$m_{nui}^k(\cosh) = 1/N_i \int_{-1}^{1} \cosh(\alpha_{n,gu}^k t) p_{ni}(t) \mathrm{d}t \tag{5-83}$$

式(5-76)~式(5-83)是 SANM 的四阶多项式，它可以替代四阶勒让德多项式展开中子通量密度和横向泄漏率。同时，因为 SANM 的四阶多项式是基于中子横向积分方程的半解析解，所以相对于四阶勒让德多项式，它更能反映中子在空间上的分布情况，在空间各向异性问题上取得更好的计算精度。在后续的非线性迭代法中，高阶求解净中子流的过程采用了SANM。

3. 传统方法的数值不稳定性

非线性迭代法采用代数精度比较高的计算结果来修正代数精度比较低的计算结果。其中，代数精度比较高的计算结果是采用 SANM 求解得到的净中子流，代数精度比较低的计算过程是迭代求解 CMFD 方程。修正过程是采用扰动的方式完成的，所以很容易出现数值不稳定的问题。图 5-1 给出了传统非线性迭代的计算原理。

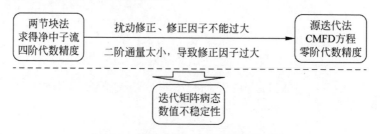

图 5-1　传统非线性迭代的计算原理图

在 SP3 方程中,零阶通量跟二阶通量不在一个数量级上,通常是上百倍的差距。当采用传统的源迭代法求解式(5-63)时,零阶通量和二阶通量在数量级上的差别会导致迭代矩阵发散,无法完成计算。为了保证非线性迭代求解 SP3 方程的数值稳定性,作者提出了带角度离散的耦合修正关系式,并且通过矩阵分析和范数推导,给出了带角度离散的耦合修正因子的取值范围。在新的耦合修正关系下,作者提出了一种稳定收敛的非线性迭代法,新的方法具有更大的裕度去处理各种数值不稳定的问题,完美地解决了非线性迭代法和 SP3 方程不兼容的问题,从而保证了堆芯计算程序 NLSP3的数值稳定性。

5.3.2　稳定收敛的非线性迭代法

稳定收敛的非线性迭代法基于带角度离散的耦合修正关系式,通过矩阵分析和数学推导,证明了它的数值稳定性。该方法被堆芯计算程序 NLSP3 采用,并且保证了 NLSP3 的计算稳定性。稳定收敛的属性使堆芯计算程序 NLSP3 不只在堆芯计算上得到了应用,在全堆均匀化方法的 SPH 迭代中和耦合 RMC 实现全局减方差中也得到了应用。

1. 角度离散的耦合修正关系式

非线性迭代法通过耦合修正关系式[89]建立了高阶节块法与 CMFD 方程的联系。其中,耦合修正因子表示高阶节块法求得的净中子流与 CMFD 方程求得的净中子流的偏差,从而使迭代求解 CMFD 方程可以实现高阶节块法的计算精度。

式(5-61)给出了传统的耦合修正关系式,根据式(5-61),式(5-62)给出了传统耦合修正因子的计算式。从式(5-62)可知,耦合修正因子 $D_{nu+}^{k,\text{NOD}}$ 和高阶节块法求得的净中子流与 CMFD 方程求得的净中子流的偏差成正比,与节块内的平均中子通量密度成反比。在 SP3 方程中,二阶通量是零阶通量的百分之一,在零阶净中子流偏差与二阶净中子流偏差相近的情况下,会导致二阶耦合修正因子是零阶耦合修正因子的 100 倍。所以,迭代无法收敛。针对 SP3 方程的这个事实,作者提出了针对 SPN 方程的带角度离散的耦合修正关系式:

$$J_{n,gu+}^{k} = -D_{0,gu+}^{k,\text{FDM}}\,(f_{0,gu-}^{k+1}\,\bar{\phi}_{0,g}^{k+1} - f_{0,gu+}^{k}\,\bar{\phi}_{0,g}^{k})$$
$$-D_{0,gu+}^{k,\text{NOD}}\,(f_{0,gu-}^{k+1}\,\bar{\phi}_{0,g}^{k+1} + f_{0,gu+}^{k}\,\bar{\phi}_{0,g}^{k})$$
$$-D_{2,gu+}^{k,\text{FDM}}\,(f_{2,gu-}^{k+1}\,\bar{\phi}_{2,g}^{k+1} - f_{2,gu+}^{k}\,\bar{\phi}_{2,g}^{k})$$
$$-D_{2,gu+}^{k,\text{NOD}}\,(f_{2,gu-}^{k+1}\,\bar{\phi}_{2,g}^{k+1} + f_{2,gu+}^{k}\,\bar{\phi}_{2,g}^{k})$$
$$\cdots\cdots$$
$$-D_{n,gu+}^{k,\text{FDM}}\,(f_{n,gu-}^{k+1}\,\bar{\phi}_{n,g}^{k+1} - f_{n,gu+}^{k}\,\bar{\phi}_{n,g}^{k})$$
$$-D_{n,gu+}^{k,\text{NOD}}\,(f_{n,gu-}^{k+1}\,\bar{\phi}_{n,g}^{k+1} + f_{n,gu+}^{k}\,\bar{\phi}_{n,g}^{k})$$
$$\cdots\cdots$$
$$-D_{(N+1)/2,gu+}^{k,\text{FDM}}\,(f_{(N+1)/2,gu-}^{k+1}\,\bar{\phi}_{(N+1)/2,g}^{k+1} - f_{(N+1)/2,gu+}^{k}\,\bar{\phi}_{(N+1)/2,g}^{k})$$
$$-D_{(N+1)/2,gu+}^{k,\text{NOD}}\,(f_{(N+1)/2,gu-}^{k+1}\,\bar{\phi}_{(N+1)/2,g}^{k+1} + f_{(N+1)/2,gu+}^{k}\,\bar{\phi}_{(N+1)/2,g}^{k})$$
$$\text{for}\quad n=0,2,\cdots,(N+1)/2 \tag{5-84}$$

与传统的耦合修正关系式不同,式(5-84)反映了 n 阶的耦合修正关系不再只是跟 n 阶的中子通量密度相关,它还与其他阶的中子通量密度相关。因为各阶的中子通量密度表达的是空间角的多项式展开,所以,新的耦合修正关系式反映了各阶中子通量密度在角度上的耦合,故新的耦合修正关系式被命名为"带角度离散的耦合修正关系式"。

当 $N=3$ 时,可得到 SP3 方程的带角度离散的耦合修正关系式:

$$J_{0,gu+}^{k} = -D_{1,gu+}^{k,\text{FDM}}\,(f_{0,gu-}^{k+1}\,\bar{\phi}_{0,g}^{k+1} - f_{0,gu+}^{k}\,\bar{\phi}_{0,g}^{k}) - D_{1,gu+}^{k,\text{NOD}}\cdot$$
$$(f_{0,gu-}^{k+1}\,\bar{\phi}_{0,g}^{k+1} + f_{0,gu+}^{k}\,\bar{\phi}_{0,g}^{k}) - D_{3,gu+}^{k,\text{FDM}}\,(f_{2,gu-}^{k+1}\,\bar{\phi}_{2,g}^{k+1} - f_{2,gu+}^{k}\,\bar{\phi}_{2,g}^{k}) -$$
$$D_{3,gu+}^{k,\text{NOD}}\,(f_{2,gu-}^{k+1}\,\bar{\phi}_{2,g}^{k+1} + f_{2,gu+}^{k}\,\bar{\phi}_{2,g}^{k})$$

$$J_{2,gu+}^{k} = -D_{2,gu+}^{k,\text{FDM}}\,(f_{2,gu-}^{k+1}\,\bar{\phi}_{2,g}^{k+1} - f_{2,gu+}^{k}\,\bar{\phi}_{2,g}^{k}) - D_{2,gu+}^{k,\text{NOD}}\cdot$$
$$(f_{2,gu-}^{k+1}\,\bar{\phi}_{2,g}^{k+1} + f_{2,gu+}^{k}\,\bar{\phi}_{2,g}^{k}) - D_{4,gu+}^{k,\text{FDM}}\,(f_{0,gu-}^{k+1}\,\bar{\phi}_{0,g}^{k+1} - f_{0,gu+}^{k}\,\bar{\phi}_{0,g}^{k}) -$$

$$D_{4,gu+}^{k,\mathrm{NOD}}\,(f_{0,gu-}^{k+1}\,\bar\phi_{0,g}^{k+1}+f_{0,gu+}^{k}\,\bar\phi_{0,g}^{k}) \tag{5-85}$$

从式(5-85)中可以看出,零阶净中子除了跟零阶中子通量密度相关以外,还跟二阶中子通量密度相关,所以带角度离散的耦合修正关系式较传统的耦合修正关系式更加复杂。

耦合修正因子 $D_{nu+}^{k,\mathrm{NOD}}$ 的计算需要已知 J_{nu+}^{m},而节块表面净中子流可由"两节块问题"来求解。SP3 方程的二阶通量比零阶通量小两个数量级,为了数值的稳定性,要避免除以小数,也就是不能用二阶通量的值做除数。所以,二阶的耦合修正因子选择 $D_{4,gu+}^{k,\mathrm{NOD}}$ 而不是 $D_{2,gu+}^{k,\mathrm{NOD}}$,这样可以解决非线性迭代的数值不稳定问题。

将式(5-85)代入中子平衡方程式(5-63),得到新的 SP3 方程的 CMFD 方程:

$$
\begin{cases}
\begin{aligned}
&\sum_{u=x,y,z}\frac{1}{\Delta u_k}\big(-(D_{1,gu-}^{k+1,\mathrm{FDM}}+D_{1,gu-}^{k+1,\mathrm{NOD}})f_{0,gu-}^{k+1}\phi_{0,g}^{k+1}-(D_{1,gu+}^{k-1,\mathrm{FDM}}-D_{1,gu+}^{k-1,\mathrm{NOD}})\cdot\\
&f_{0,gu+}^{k-1}\phi_{0,g}^{k-1}-(D_{3,gu-}^{k+1,\mathrm{FDM}}+D_{3,gu-}^{k+1,\mathrm{NOD}})f_{2,gu-}^{k+1}\phi_{2,g}^{k+1}-(D_{3,gu+}^{k-1,\mathrm{FDM}}-D_{3,gu+}^{k-1,\mathrm{NOD}})\cdot\\
&f_{2,gu+}^{k-1}\phi_{2,g}^{k-1}+((D_{1,gu-}^{k+1,\mathrm{FDM}}+D_{1,gu-}^{k+1,\mathrm{NOD}})f_{0,gu-}^{k}+(D_{1,gu+}^{k-1,\mathrm{FDM}}-D_{1,gu+}^{k-1,\mathrm{NOD}})\cdot\\
&f_{0,gu+}^{k})\phi_{0,g}^{k}+((D_{3,gu-}^{k+1,\mathrm{FDM}}+D_{3,gu-}^{k+1,\mathrm{NOD}})f_{2,gu-}^{k}+(D_{3,gu+}^{k-1,\mathrm{FDM}}-D_{3,gu+}^{k-1,\mathrm{NOD}})\cdot\\
&f_{2,gu+}^{k})\phi_{2,g}^{k})+\Sigma_{0,g}^{k}\bar\phi_{0,g}^{k}-2\Sigma_{0,g}^{k}\bar\phi_{2,g}^{k}=S_{0,g}^{k}\\[4pt]
&\sum_{u=x,y,z}\frac{1}{\Delta u_k}\big(-(D_{2,gu-}^{k+1,\mathrm{FDM}}+D_{2,gu-}^{k+1,\mathrm{NOD}})f_{2,gu-}^{k+1}\phi_{2,g}^{k+1}-(D_{2,gu+}^{k-1,\mathrm{FDM}}-D_{2,gu+}^{k-1,\mathrm{NOD}})\cdot\\
&f_{2,gu+}^{k-1}\phi_{2,g}^{k-1}-(D_{4,gu-}^{k+1,\mathrm{FDM}}+D_{4,gu-}^{k+1,\mathrm{NOD}})f_{0,gu-}^{k+1}\phi_{0,g}^{k+1}-(D_{4,gu+}^{k-1,\mathrm{FDM}}-D_{4,gu+}^{k-1,\mathrm{NOD}})\cdot\\
&f_{0,gu+}^{k-1}\phi_{0,g}^{k-1}+((D_{2,gu-}^{k+1,\mathrm{FDM}}+D_{2,gu-}^{k+1,\mathrm{NOD}})f_{2,gu-}^{k}+(D_{2,gu+}^{k-1,\mathrm{FDM}}-D_{2,gu+}^{k-1,\mathrm{NOD}})\cdot\\
&f_{2,gu+}^{k})\phi_{2,g}^{k}+((D_{4,gu-}^{k+1,\mathrm{FDM}}+D_{4,gu-}^{k+1,\mathrm{NOD}})f_{0,gu-}^{k}+(D_{4,gu+}^{k-1,\mathrm{FDM}}-D_{4,gu+}^{k-1,\mathrm{NOD}})\cdot\\
&f_{0,gu+}^{k})\phi_{0,g}^{k})+\Sigma_{2,g}^{k}\bar\phi_{2,g}^{k}-\frac{2}{5}\Sigma_{0,g}^{k}\bar\phi_{0,g}^{k}=S_{0,g}^{k}
\end{aligned}
\end{cases}
\tag{5-86}
$$

其中,

$$S_{0,g}^{k}(r)=\sum_{\substack{g'=1\\g'\neq g}}^{G}\Sigma_{0,g'g}^{i}\big(\tilde\phi_{0,g}(r)-\tilde\phi_{2,g}^{i}(r)\big)+\frac{1}{k_{\mathrm{eff}}}\chi_{g}^{i}\sum_{g'=1}^{G}\nu\Sigma_{\mathrm{f},g'}^{i}\cdot$$

$$\big(\tilde\phi_{0,g'}^{i}(r)-\tilde\varphi_{2,g}^{i}(r)\big) \tag{5-87}$$

式(5-86)中,$k\pm1$ 表示节块 k 的 $\pm u$ 方向上的相邻节块,$u\in\{x,y,z\}$;N 是总节块数;G 是总能群数。所以,SP3 方程的 CMFD 方程是一个 NG 阶

的本征值方程组，展开后如下：

$$
\begin{cases}
\alpha_{0,gx}^{k}f_{0,gx-}^{k+1}\phi_{0,gx}^{k+1}+\beta_{0,gx-}^{k}f_{2,gx-}^{k+1}\phi_{2,gx}^{k+1}+\gamma_{0,gx+}^{k}f_{0,gx+}^{k-1}\phi_{0,gx}^{k-1}+\rho_{0,gx}^{k}f_{2,gx+}^{k-1}\cdot \\[4pt]
\phi_{2,gx+}^{k-1}+\alpha_{0,gy}^{k}f_{0,gy-}^{k+1}\phi_{0,gy}^{k+1}+\beta_{0,gy-}^{k}f_{2,gy-}^{k+1}\phi_{2,gy}^{k+1}+\gamma_{0,gy+}^{k}f_{0,gy+}^{k-1}\phi_{0,gy}^{k-1}+\rho_{0,gy}^{k}\cdot \\[4pt]
f_{2,gy+}^{k-1}\phi_{2,gy+}^{k-1}+\alpha_{0,gz}^{k}f_{0,gz-}^{k+1}\phi_{0,gz}^{k+1}+\beta_{0,gz-}^{k}f_{2,gz-}^{k+1}\phi_{2,gz}^{k+1}+\gamma_{0,gz+}^{k}f_{0,gz+}^{k-1}\phi_{0,gz}^{k-1}+ \\[4pt]
\rho_{0,gz}^{k}f_{2,gz+}^{k-1}\phi_{2,gz+}^{k-1}+(\Sigma_{0,g}^{k}+R_{0,gx}^{k}+R_{0,gy}^{k}+R_{0,gz}^{k})\phi_{0,g}^{k}+(-2\Sigma_{0,g}^{k}+ \\[4pt]
R_{2,gx}^{k}+R_{2,gy}^{k}+R_{2,gz}^{k})\phi_{2,g}^{k}=S_{0g}^{k} \\[8pt]
\alpha_{2,gx}^{k}f_{2,gx-}^{k+1}\phi_{2,gx}^{k+1}+\beta_{2,gx-}^{k}f_{0,gx-}^{k+1}\phi_{0,gx}^{k+1}+\gamma_{2,gx+}^{k}f_{2,gx+}^{k-1}\phi_{2,gx}^{k-1}+\rho_{2,gx}^{k}\cdot \\[4pt]
f_{0,gx+}^{k-1}\phi_{0,gx+}^{k-1}+\alpha_{2,gy}^{k}f_{2,gy-}^{k+1}\phi_{2,gy}^{k+1}+\beta_{2,gy-}^{k}f_{0,gy-}^{k+1}\phi_{0,gy}^{k+1}+\gamma_{2,gy+}^{k}f_{2,gy+}^{k-1}\cdot \\[4pt]
\phi_{2,gy}^{k-1}+\rho_{2,gy}^{k}f_{0,gy+}^{k-1}\phi_{0,gy+}^{k-1}+\alpha_{2,gz}^{k}f_{2,gz-}^{k+1}\phi_{2,gz}^{k+1}+\beta_{2,gz-}^{k}f_{0,gz-}^{k+1}\phi_{0,gz}^{k+1}+\gamma_{2,gz+}^{k}\cdot \\[4pt]
f_{2,gz+}^{k-1}\phi_{2,gz}^{k-1}+\rho_{2,gz}^{k}f_{0,gz+}^{k-1}\phi_{0,gz+}^{k-1}+(\Sigma_{2,g}^{k}+L_{2,gx}^{k}+L_{2,gy}^{k}+L_{2,gz}^{k})\phi_{2,g}^{k}+ \\[4pt]
\left(-\dfrac{2}{5}\Sigma_{0,g}^{k}+L_{0,gx}^{k}+L_{0,gy}^{k}+L_{0,gz}^{k}\right)\phi_{0,g}^{k}=-\dfrac{2}{5}S_{0g}^{k}
\end{cases}
$$

$$(5\text{-}88)$$

式(5-88)中，

$$\alpha_{0,gu}^{k}=-\frac{1}{\Delta u_{k}}(D_{1,gu+}^{k,\mathrm{FDM}}+D_{1,gu+}^{k,\mathrm{NOD}}) \tag{5-89}$$

$$\alpha_{2,gu}^{k}=-\frac{1}{\Delta u_{k}}(D_{2,gu+}^{k,\mathrm{FDM}}+D_{2,gu+}^{k,\mathrm{NOD}}) \tag{5-90}$$

$$\beta_{0,gu}^{k}=-\frac{1}{\Delta u_{k}}(D_{3,gu+}^{k,\mathrm{FDM}}+D_{3,gu+}^{k,\mathrm{NOD}}) \tag{5-91}$$

$$\beta_{2,gu}^{k}=-\frac{1}{\Delta u_{k}}(D_{4,gu+}^{k,\mathrm{FDM}}+D_{4,gu+}^{k,\mathrm{NOD}}) \tag{5-92}$$

$$\gamma_{0,gu}^{k}=-\frac{1}{\Delta u_{k}}(D_{1,gu-}^{k,\mathrm{FDM}}-D_{1,gu-}^{k,\mathrm{NOD}}) \tag{5-93}$$

$$\gamma_{2,gu}^{k}=-\frac{1}{\Delta u_{k}}(D_{2,gu-}^{k,\mathrm{FDM}}-D_{2,gu-}^{k,\mathrm{NOD}}) \tag{5-94}$$

$$\rho_{0,gu}^{k}=-\frac{1}{\Delta u_{k}}(D_{3,gu-}^{k,\mathrm{FDM}}-D_{3,gu-}^{k,\mathrm{NOD}}) \tag{5-95}$$

$$\rho_{2,gu}^{k}=-\frac{1}{\Delta u_{k}}(D_{4,gu-}^{k,\mathrm{FDM}}-D_{4,gu-}^{k,\mathrm{NOD}}) \tag{5-96}$$

$$R_{0,gu}^{k} = \frac{1}{\Delta u_{k}}(D_{1,gu-}^{k,\text{FDM}} - D_{1,gu-}^{k,\text{NOD}} + D_{1,gu-}^{k,\text{FDM}} + D_{3,gu-}^{k,\text{NOD}}) \tag{5-97}$$

$$R_{2,gu}^{k} = \frac{1}{\Delta u_{k}}(D_{3,gu-}^{k,\text{FDM}} - D_{3,gu-}^{k,\text{NOD}} + D_{3,gu-}^{k,\text{FDM}} + D_{3,gu-}^{k,\text{NOD}}) \tag{5-98}$$

$$L_{2,gu}^{k} = \frac{1}{\Delta u_{k}}(D_{2,gu-}^{k,\text{FDM}} - D_{2,gu-}^{k,\text{NOD}} + D_{2,gu-}^{k,\text{FDM}} + D_{2,gu-}^{k,\text{NOD}}) \tag{5-99}$$

$$L_{0,gu}^{k} = \frac{1}{\Delta u_{k}}(D_{4,gu-}^{k,\text{FDM}} - D_{4,gu-}^{k,\text{NOD}} + D_{4,gu-}^{k,\text{FDM}} + D_{4,gu-}^{k,\text{NOD}}) \tag{5-100}$$

式中，u 取 x，y 和 z。可见每一个节块只与周围相邻的节块有直接耦合关系。CMFD 方程的系数矩阵是一个大型的稀疏矩阵，需要进行迭代计算。同时方程组是非线性方程组，采用经典的内外迭代策略进行计算。

2. 数值稳定性分析[90]

为了求解 CMFD 方程，首先需要根据式(5-85)计算耦合修正因子的值。在一个耦合修正关系式中只有一个净中子流，但是有两个耦合修正因子待求。除了在真空边界处求解的方法，还有多种方法可以求解耦合修正因子。因为有多种求解方法的选择，所以有更大的裕度处理各种数值不稳定的问题。

CMFD 方程是一个大型的非线性方程组，采用经典的源迭代法进行求解，即内迭代得到稳定的通量分布，外迭代更新源分布。这里分析式(5-88)在迭代过程中的数值稳定性问题。

在 CMFD 方程的迭代过程中，数值不稳定性问题出现在内迭代中。在内迭代中，假设源分布是稳定的，即源分布是常量。为了便于数学分析，将式(5-88)改写为矩阵的形式：

$$\begin{bmatrix} A^{0} \\ A^{2} \end{bmatrix}[\Phi] = \begin{bmatrix} A_{s} + \dfrac{F}{k_{\text{eff}}} \\ -\dfrac{2}{5}\left(A_{s} + \dfrac{F}{k_{\text{eff}}}\right) \end{bmatrix}[\Phi] = \begin{bmatrix} S \\ -\dfrac{2}{5}S \end{bmatrix} \tag{5-101}$$

式中，

$$\Phi = \text{col}(\Phi_{1}, \Phi_{2}, \cdots, \Phi_{g}, \cdots, \Phi_{G})$$

$$\Phi_{g} = \text{col}(\overline{\Phi}_{g}^{1}, \overline{\Phi}_{g}^{2}, \cdots, \overline{\Phi}_{g}^{k}, \cdots, \overline{\Phi}_{g}^{N})$$

$$\overline{\Phi}_{g}^{k} = \text{col}(\overline{\Phi}_{0,g}^{k}, \overline{\Phi}_{2,g}^{k}) \tag{5-102}$$

$$\boldsymbol{A}_s = \begin{bmatrix} 0 & A_s^{21} & A_s^{31} & \cdots & A_s^{G1} \\ A_s^{12} & 0 & A_s^{32} & \cdots & A_s^{G2} \\ A_s^{13} & A_s^{23} & 0 & \cdots & A_s^{G3} \\ \vdots & \vdots & \vdots & & \vdots \\ A_s^{1G} & A_s^{2G} & A_s^{3G} & \cdots & 0 \end{bmatrix} \tag{5-103}$$

$$\boldsymbol{A}_s^{g'g} = \mathrm{diag}(\Sigma_{g'g}^1, -2\Sigma_{g'g}^1, \Sigma_{g'g}^2, -2\Sigma_{g'g}^2, \cdots, \Sigma_{g'g}^k, -2\Sigma_{g'g}^k, \cdots,$$
$$\Sigma_{g'g}^N, -2\Sigma_{g'g}^N) \tag{5-104}$$

$$\boldsymbol{F} = \begin{bmatrix} F_{11} & F_{21} & \cdots & F_{G1} \\ F_{12} & F_{22} & \cdots & F_{G2} \\ \vdots & \vdots & & \vdots \\ F_{1G} & F_{2G} & \cdots & F_{GG} \end{bmatrix} \tag{5-105}$$

$$\boldsymbol{F}_{g'g} = \mathrm{diag}(\chi_g \nu \Sigma_{fg'}^1, -2\chi_g \nu \Sigma_{fg'}^1, \chi_g \nu \Sigma_{fg'}^2, -2\chi_g \nu \Sigma_{fg'}^2, \cdots,$$
$$\chi_g \nu \Sigma_{fg'}^k, -2\chi_g \nu \Sigma_{fg'}^k, \cdots, \chi_g \nu \Sigma_{fg'}^N, -2\chi_g \nu \Sigma_{fg'}^N) \tag{5-106}$$

$$\boldsymbol{A}^0 = \boldsymbol{M}^0 + \boldsymbol{N}^0 \tag{5-107}$$

$$\boldsymbol{A}^2 = \boldsymbol{M}^2 + \boldsymbol{N}^2 \tag{5-108}$$

$$\boldsymbol{M}^0 = \mathrm{diag}(M_1^0, M_2^0, M_3^0, \cdots, M_g^0, \cdots, M_G^0) \tag{5-109}$$

$$\boldsymbol{N}^0 = \mathrm{diag}(N_1^0, N_2^0, N_3^0, \cdots, N_g^0, \cdots, N_G^0) \tag{5-110}$$

$$\boldsymbol{M}^2 = \mathrm{diag}(M_1^2, M_2^2, M_3^2, \cdots, M_g^2, \cdots, M_G^2) \tag{5-111}$$

$$\boldsymbol{N}^2 = \mathrm{diag}(N_1^2, N_2^2, N_3^2, \cdots, N_g^2, \cdots, N_G^2) \tag{5-112}$$

$$\boldsymbol{M}_g^0 = \begin{bmatrix} C_{1,g}^1 & C_{3,g}^1 & & & \cdots & \cdots & & & \\ & & C_{1,g}^2 & C_{3,g}^2 & \cdots & \cdots & & & \\ \cdots & \cdots & \cdots & & & & & & \\ & & & \cdots & \cdots & C_{1,g}^k & C_{3,g}^k & \cdots & \cdots & \cdots \\ \cdots & \cdots & \cdots & & & & & & \\ & & & & & \cdots & \cdots & C_{1,g}^N & C_{3,g}^N \end{bmatrix}$$
$$\tag{5-113}$$

$$\boldsymbol{N}_g^0=\begin{bmatrix}&\alpha_{0,gx}^1\ \beta_{0,gx}^1\ \cdots\ \alpha_{0,gy}^1\ \beta_{0,gy}^1\ \cdots\ \alpha_{0,gz}^1\ \beta_{0,gz}^1\\ \nu_{0,gx}^2\ \rho_{0,gx}^2&\alpha_{0,gx}^2\ \beta_{0,gx}^2\ \cdots\ \alpha_{0,gy}^2\ \beta_{0,gy}^2\ \cdots\alpha_{0,gz}^2\ \beta_{0,gz}^2\\ \cdots\ \cdots\ \cdots&\\ \nu_{0,gz}^k\ \rho_{0,gz}^k\ \cdots\ \nu_{0,gy}^k\ \rho_{0,gy}^k\ \cdots\ \nu_{0,gz}^k\ \rho_{0,gz}^k&\alpha_{0,gx}^k\ \beta_{0,gx}^k\ \cdots\ \alpha_{0,gy}^k\ \beta_{0,gy}^k\ \cdots\ \alpha_{0,gz}^k\ \beta_{0,gz}^k\ \cdots\\ \cdots\ \cdots\ \cdots&\\ &\nu_{0,gz}^N\ \rho_{0,gz}^N\ \cdots\ \nu_{0,gy}^N\ \rho_{0,gy}^N\ \cdots\ \nu_{0,gz}^N\ \rho_{0,gz}^N\end{bmatrix}$$

$$(5\text{-}114)$$

$$\boldsymbol{M}_g^2=\begin{bmatrix}C_{4,g}^1 C_{2,g}^1&&\cdots&\cdots\\ &C_{4,g}^2 C_{2,g}^2&\cdots&\cdots\\ \cdots&\cdots&\cdots&\\ &&\cdots\ \cdots\ C_{4,g}^k C_{2,g}^k&\cdots&\cdots\\ \cdots&\cdots&\cdots&\\ &&&\cdots\ \cdots\ C_{4,g}^N C_{2,g}^N\end{bmatrix}\quad(5\text{-}115)$$

$$\boldsymbol{N}_g^2=\begin{bmatrix}&\beta_{2,gx}^1\ \alpha_{2,gx}^1\ \cdots\ \beta_{2gy}^1\ \alpha_{2,gy}^1\ \cdots\ \beta_{2,gz}^1\ \alpha_{2,gz}^1\\ \rho_{2,gx}^2\ \nu_{2,gx}^2&\beta_{2,gx}^2\ \alpha_{2,gx}^2\ \cdots\ \beta_{2,gy}^2\ \alpha_{2,gy}^2\ \cdots\beta_{2,gz}^2\ \alpha_{2,gz}^2\\ \cdots\ \cdots\ \cdots&\\ \rho_{2,gz}^k\ \nu_{2,gz}^k\ \cdots\ \rho_{2,gy}^k\ \nu_{2,gy}^k\ \cdots\ \rho_{2,gz}^k\ \nu_{2,gz}^k&\beta_{2,gx}^k\ \alpha_{2,gx}^k\ \cdots\ \beta_{2,gy}^k\ \alpha_{2,gy}^k\ \cdots\ \beta_{2,gz}^k\ \alpha_{2,gz}^k\ \cdots\\ \cdots\ \cdots\ \cdots&\\ &\rho_{2,gz}^N\ \nu_{2,gz}^N\ \cdots\ \rho_{2,gy}^N\ \nu_{2,gy}^N\ \cdots\ \rho_{2,gz}^N\ \nu_{2,gz}^N\end{bmatrix}$$

$$(5\text{-}116)$$

继续改写式(5-101)，可得

$$\begin{bmatrix}A^0\\ A^2\end{bmatrix}[\Phi]=\begin{bmatrix}M^0+N^0\\ M^2+N^2\end{bmatrix}[\Phi]=\begin{bmatrix}M^0\\ M^2\end{bmatrix}[\Phi]+\begin{bmatrix}N^0\\ N^2\end{bmatrix}[\Phi]=\begin{bmatrix}S\\ -\dfrac{2}{5}S\end{bmatrix}$$

$$(5\text{-}117)$$

CMFD 方程的迭代形式如下：

$$[\Phi]^{(K+1)}=\begin{bmatrix}M^0\\ M^2\end{bmatrix}^{-1}\begin{bmatrix}S\\ -\dfrac{2}{5}S\end{bmatrix}-\begin{bmatrix}M^0\\ M^2\end{bmatrix}^{-1}\begin{bmatrix}N^0\\ N^2\end{bmatrix}[\Phi]^{(K)}\quad(5\text{-}118)$$

令

$$\boldsymbol{M}=\begin{bmatrix}M^0\\ M^2\end{bmatrix};\quad \boldsymbol{N}=\begin{bmatrix}N^0\\ N^2\end{bmatrix}\quad(5\text{-}119)$$

则

$$\boldsymbol{E}=\begin{bmatrix}M^0\\ M^2\end{bmatrix}^{-1}\begin{bmatrix}N^0\\ N^2\end{bmatrix}=\boldsymbol{M}^{-1}\cdot\boldsymbol{N}\quad(5\text{-}120)$$

根据数值计算方法,只有当迭代矩阵的范数小于 **1** 时,迭代计算才会收敛,所以,需要满足:

$$\| \boldsymbol{E} \| = \| \boldsymbol{M}^{-1} \cdot \boldsymbol{N} \| < 1 \tag{5-121}$$

根据矩阵范数的性质:

$$\| \boldsymbol{T}^{-1} \| \cdot \| \boldsymbol{T} \| \geqslant \| \boldsymbol{T}^{-1} \cdot \boldsymbol{T} \| = 1 \tag{5-122}$$

结合式(5-121)和式(5-122)可得

$$\| \boldsymbol{N}^{-1} \| \cdot \| \boldsymbol{M} \| \geqslant \| \boldsymbol{N}^{-1} \cdot \boldsymbol{M} \| = \| \boldsymbol{E}^{-1} \| \geqslant 1 \tag{5-123}$$

故

$$\| \boldsymbol{M} \| \geqslant \frac{1}{\| \boldsymbol{N}^{-1} \|} \; ; \; \| \boldsymbol{N} \| \geqslant \frac{1}{\| \boldsymbol{N}^{-1} \|} \tag{5-124}$$

如果 $\| \boldsymbol{M} \| \geqslant \| \boldsymbol{N} \|$,即

$$\left\| \begin{bmatrix} \boldsymbol{M}^0 \\ \boldsymbol{M}^2 \end{bmatrix} \right\| \geqslant \left\| \begin{bmatrix} \boldsymbol{N}^0 \\ \boldsymbol{N}^2 \end{bmatrix} \right\| \tag{5-125}$$

则 CMFD 方程可以迭代收敛。

因为矩阵的范数是等效的,所以可以选择 3 种矩阵范数中的任何一种作为判断迭代矩阵能否收敛的准则。作为例子,选择行范数来推导式(5-125)。在进行严格推导后,很容易得到如下关系式:

$$\max_{1 \leqslant i \leqslant 2NG} \{ | C_{n+1} | + | C_{n+3} | \}$$
$$\geqslant \max_{1 \leqslant i \leqslant 2NG} \{ \sum_{u=x,y,z} (| \alpha_{n,gu}^k | + | \beta_{n,gu}^k | + | \nu_{n,gu}^k | + | \rho_{n,gu}^k |) \} \tag{5-126}$$

对于每一个确定的节块和对应的能群区间,更加明确的表达式如下:

$$\begin{cases} 3\Sigma_{0,g}^k \geqslant \sum_{u=x,y,z} (| \alpha_{0,gu}^k | + | \beta_{0,gu}^k | + | \nu_{0,gu}^k | + | \rho_{0,gu}^k | + | R_{0,gu}^k | + | R_{2,gu}^k |) \\ \Sigma_{2,g}^k + \dfrac{2}{5} \Sigma_{0,g}^k \geqslant \sum_{u=x,y,z} (| \alpha_{2,gu}^k | + | \beta_{2,gu}^k | + | \nu_{2,gu}^k | + | \rho_{2,gu}^k | + | L_{0,gu}^k | + | L_{2,gu}^k |) \end{cases}$$
$$\tag{5-127}$$

式中,k 代表节块的编号;g 代表能群编号。不等式(5-127)的左边是常量,右边与伪扩散系数和耦合修正因子相关。因为,每一个节块的伪扩散系数也是常数,所以只有在耦合修正因子尽量小的情况下,不等式(5-127)才能成立。正如式(5-85)所示,在一个耦合修正关系中,只有一个净中子流偏差,但是有两个耦合修正因子,所以式(5-85)具有更大的裕度去处理数值不稳定的问题。例如,根据数值计算的需求,可以先假设零阶耦合修正因子与二阶耦合修正因子存在一定的数学关系,然后将该数学关系代入耦合修正关系式,这样就可以求解所有的耦合修正因子,同时完美解决非线性迭代法求解 SP3 方程的数值不稳定性问题。

5.3.3　堆芯计算程序 NLSP3 的研发

堆芯计算程序 NLSP3 采用了稳定收敛的非线性迭代法求解传统的 SP3 方程,在两节块法中采用了半解析节块法求解横向积分方程。

从中子平衡方程中可以看出,为了求解节块平均中子通量密度 $\bar{\phi}_n$,需要先确定面中子流 $\widetilde{J}_{nu}^{u-}$ 的值,故采用"横向积分"的方法。选定 u 方向,将式(5-50)和式(5-51)对与 u 垂直的 v 和 w 方向进行积分,会得到 3 个一维的"横向积分"方程:

$$
\begin{cases}
- D_0 \dfrac{\partial}{\partial u^2} \tilde{\phi}_{0u}(u) + \Sigma_0 \tilde{\phi}_{0u}(u) - 2\Sigma_0 \tilde{\phi}_{2u}(u) = \widetilde{S}_{0u}(u) - L_{0u}(u) \\
- D_0 \dfrac{\partial}{\partial u^2} \tilde{\phi}_{2u}(u) + \Sigma_2 \tilde{\phi}_{2u}(u) - \dfrac{2}{5}\Sigma_0 \tilde{\phi}_{0u}(u) = -\dfrac{2}{5}\widetilde{S}_{0u}(u) - L_{2u}(u)
\end{cases}
$$

$$(5\text{-}128)$$

在对二次偏导求积分的过程中,格林公式会产生横向泄漏项 $L_u(u)$,它表示节块在与方向 u 垂直的 v 和 w 方向上的中子泄漏,得到的 3 个相互垂直的一维横向积分方程正是因横向泄漏项 $L_u(u)$ 而相互耦合。式(5-128)中各量的定义为

横向泄漏率:

$$
L_{nu}(u) = \frac{-D_n}{\Delta v \Delta w} \left[\int_{-\frac{\Delta v}{2}}^{\frac{\Delta v}{2}} \frac{\partial}{\partial w} \tilde{\phi}_n(u,v,w) \Bigg|_{w=-\frac{\Delta w}{2}}^{w=\frac{\Delta w}{2}} \mathrm{d}v + \right.
$$

$$
\left. \int_{-\frac{\Delta w}{2}}^{\frac{\Delta w}{2}} \frac{\partial}{\partial v} \tilde{\phi}_n(u,v,w) \Bigg|_{v=-\frac{\Delta v}{2}}^{v=\frac{\Delta v}{2}} \mathrm{d}w \right] \tag{5-129}
$$

横向积分中子通量:

$$
\tilde{\phi}_{nu}(u) = \frac{1}{\Delta v \Delta w} \int_{-\frac{\Delta v}{2}}^{\frac{\Delta v}{2}} \int_{-\frac{\Delta w}{2}}^{\frac{\Delta w}{2}} \tilde{\phi}_n(u,v,w) \mathrm{d}w \mathrm{d}v \tag{5-130}
$$

横向积分中子源项:

$$
\widetilde{S}_{0u}(u) = \frac{1}{\Delta v \Delta w} \int_{-\frac{\Delta v}{2}}^{\frac{\Delta v}{2}} \int_{-\frac{\Delta w}{2}}^{\frac{\Delta w}{2}} \widetilde{S}_0(u,v,w) \mathrm{d}w \mathrm{d}v \tag{5-131}
$$

横向积分方程的解析求解很困难,需要借助数值分析的一些算法来近似求解。本书选择了如式(5-76)~式(5-83)所示的半解析节块法的四阶多项式来展开以上物理量。分别对中子源项进行四阶展开,对中子横向积分通量进行四阶展开,对横向泄漏项进行二阶展开:

$$\tilde{\phi}_{nu}(u) = \sum_{i=0}^{4} a_{n,i,u} P_n(u) \tag{5-132}$$

$$\tilde{S}_{0u}(u) = \sum_{i=0}^{4} s_{0,i,u} P_n(u) \tag{5-133}$$

$$L_{nu}(u) = \sum_{i=0}^{4} l_{n,i,u} P_n(u) \tag{5-134}$$

式中,$n \in \{0,2\}$。

有了横向积分方程和各物理量的多项式展开形式,便可以使用两节块法对横向积分方程进行求解。两节块法主要关注相邻两节块在边界处的定解关系,通过两节块法可以建立矩方程和连续性条件,形成闭合的线性方程组,从而完成计算。表 5-1 给出了两节块法求解展开系数所需的方程。

表 5-1　两节块法求解展开系数所需的方程

	节块 k	节块 $k+1$
矩方程	中子平衡方程(零次矩)	中子平衡方程(零次矩)
	一次矩方程	一次矩方程
	二次矩方程	二次矩方程
连续条件	节块表面净中子流连续	
	节块表面中子通量连续	

对于矩方程,可以采用矩权重法计算得到,矩权重方程的一般形式为

$$\begin{cases} \left\langle w_n(u), -D_0 \dfrac{\partial}{\partial u^2} \tilde{\phi}_{0u}(u) + \Sigma_0 \tilde{\phi}_{0u}(u) - 2\Sigma_0 \tilde{\phi}_{2u}(u) - \tilde{S}_{0u}(u) + L_{0u}(u) \right\rangle = 0 \\[3mm] \left\langle w_n(u), -D_0 \dfrac{\partial}{\partial u^2} \tilde{\phi}_{2u}(u) + \Sigma_2 \tilde{\phi}_{2u}(u) - \dfrac{2}{5}\Sigma_0 \tilde{\phi}_{0u}(u) + \dfrac{2}{5}\tilde{S}_{0u}(u) + L_{2u}(u) \right\rangle = 0 \end{cases} \tag{5-135}$$

取 $w_n(u)=1$ 时,会得到零阶矩方程:

$$\begin{cases} -\dfrac{4D_{0,gu}^k}{(\Delta u_k)^2}(3a_{0,gu2}^k + G_{0,gu}^k a_{0,gu4}^k) + \sum_{g'=1}^{G} B_{0,gg'}^k \Phi_{0,gu}^k - 2\sum_{g'=1}^{G} B_{0,gg'}^k \Phi_{2,gu}^k + L_{0,g}^k = 0 \\[4mm] -\dfrac{4D_{2,gu}^k}{(\Delta u_k)^2}(3a_{2,gu2}^k + G_{2,gu}^k a_{2,gu4}^k) + \sum_{g'=1}^{G} B_{2,gg'}^k \Phi_{2,gu}^k - 2\sum_{g'=1}^{G} B_{0,gg'}^k \Phi_{0,gu}^k + L_{2,g}^k = 0 \end{cases} \tag{5-136}$$

式(5-136)中,$B_{n,gg'}^k$ 和 $G_{n,gu}^k$ 是推导过程中引入的常量,它们的计算式如下:

$$B_{n,gg'}^k = \Sigma_n^k \delta_{gg'} - \Sigma_{gg'}^k - \dfrac{\chi_g}{k_{\text{eff}}} \nu\Sigma_{\text{f}g'}^k \tag{5-137}$$

$$G_{n,gu}^{k} = \frac{a_{n,gu}^{k}\sinh(a_{n,gu}^{k}) - 3m_{n,gu2}^{k}(\cosh)}{\cosh(a_{n,gu}^{k}) - m_{n,gu0}^{k}(\cosh) - m_{n,gu2}^{k}(\cosh)} \tag{5-138}$$

当取 $w_n(u) = w_1(u) = u$ 时，会得到一阶矩方程：

$$\begin{cases} -\dfrac{1}{A_{0,gu}^{k}}a_{0,gu3}^{k} + \sum_{g'=1}^{G}B_{0,gg'}^{k}a_{0,g'u1}^{k} - 2\sum_{g'=1}^{G}B_{0,gg'}^{k}a_{2,g'u1}^{k} + \rho_{0,g1}^{k} = 0 \\ -\dfrac{1}{A_{2,gu}^{k}}a_{2,gu3}^{k} + \sum_{g'=1}^{G}B_{2,gg'}^{k}a_{2,g'u1}^{k} - \dfrac{2}{5}\sum_{g'=1}^{G}B_{0,gg'}^{k}a_{0,g'u1}^{k} + \rho_{2,g1}^{k} = 0 \end{cases}$$

$$\tag{5-139}$$

式(5-139)中，$A_{n,gu}^{k}$ 是推导过程中引入的常量，它的计算式如下：

$$A_{n,gu}^{k} = \frac{\sinh(a_{n,gu}^{k}) - m_{n,gu1}^{k}(\sinh)}{\Sigma_{n,g}^{k}m_{n,gu1}^{k}(\sinh)} \tag{5-140}$$

当取 $w_n(u) = w_2(u) = \dfrac{3}{2}u^2 - \dfrac{1}{2}$ 时，会得到二阶矩方程：

$$\begin{cases} -\dfrac{1}{C_{0,gu}^{k}}a_{0,gu4}^{k} + \sum_{g'=1}^{G}B_{0,gg'}^{k}a_{0,g'u2}^{k} - 2\sum_{g'=1}^{G}B_{0,gg'}^{k}a_{2,g'u2}^{k} + \rho_{0,g2}^{k} = 0 \\ -\dfrac{1}{C_{2,gu}^{k}}a_{2,gu4}^{k} + \sum_{g'=1}^{G}B_{2,gg'}^{k}a_{2,g'u2}^{k} - \dfrac{2}{5}\sum_{g'=1}^{G}B_{0,gg'}^{k}a_{0,g'u2}^{k} + \rho_{2,g2}^{k} = 0 \end{cases}$$

$$\tag{5-141}$$

式中，$C_{n,gu}^{k}$ 是推导过程中引入的常量，它的计算式如下：

$$C_{n,gu}^{k} = \frac{\cosh(a_{n,gu}^{k}) - m_{n,gu0}^{k}(\cosh) - m_{n,gu2}^{k}(\cosh)}{\Sigma_{n,g}^{k}m_{n,gu2}^{k}(\cosh)} \tag{5-142}$$

同时，在节块 k 和节块 $k+1$ 交界处的连续性条件为

$$J_{n,gu+}^{k,\text{NOD}} = J_{n,gu-}^{k+1,\text{NOD}} \tag{5-143}$$

$$f_{n,gu+}^{k}\Phi_{n,gu+}^{k,\text{NOD}} = f_{n,gu-}^{k}\Phi_{n,gu-}^{k+1,\text{NOD}} \tag{5-144}$$

式中，$f_{n,gu+}^{k}$ 是适用于 SP3 方程的不连续因子；目前 NLSP3 程序支持不连续因子的计算。因为 SP3 方程中关于不连续因子的理论不完善，所以后续对 NLSP3 程序的验证工作，均不使用不连续因子。

　　假设求解的堆芯是 G 群的，联立零次矩方程和二次矩方程得到一个 $2G$ 的关于展开系数的线性方程组，这个方程组的系数矩阵不大，而且是线性的，故选择高斯消去法解得第二个和第四个展开系数。联立一次矩方程及节块 k 和节块 $k+1$ 的边界连续条件，得到一个 $4G$ 的关于第一个展开系数和第三个展开系数的线性方程组，利用高斯消去法可以求解得到第一个

和第三个展开系数。确定了横向中子通量的展开系数，便可以使用净中子流的表达式来求解耦合修正因子：

$$
\begin{cases}
J_{0,gu+}^{k,\mathrm{NOD}} = -\dfrac{2D_{0,gu}^{k}}{\Delta u_k}(a_{0,gu1}^{k} + 3a_{0,gu2}^{k} + H_{0,gu}^{k}a_{0,gu3}^{k} + G_{0,gu}^{k}a_{0,gu4}^{k}) \\[3mm]
J_{2,gu+}^{k,\mathrm{NOD}} = -\dfrac{2D_{2,gu}^{k}}{\Delta u_k}(a_{2,gu1}^{k} + 3a_{2,gu2}^{k} + H_{2,gu}^{k}a_{2,gu3}^{k} + G_{2,gu}^{k}a_{2,gu4}^{k})
\end{cases}
\tag{5-145}
$$

选择 $D_{1,gu+}^{k,\mathrm{NOD}}$ 和 $D_{4,gu+}^{k,\mathrm{NOD}}$ 分别作为零阶耦合修正因子和二阶耦合修正因子，结合式(5-85)和式(5-145)可得耦合修正因子的计算式：

$$
\begin{aligned}
&D_{1,gu+}^{k,\mathrm{NOD}} \\
&= \frac{-D_{1,gu+}^{k,\mathrm{FDM}}(f_{0,gu-}^{k+1,-}\phi_{0,gu-}^{k+1}(r) - f_{0,gu+}^{k,-}\phi_{0,gu+}^{k}(r)) - D_{3,gu+}^{k,\mathrm{FDM}}(f_{2,gu-}^{k+1,-}\phi_{2,gu-}^{k+1}(r) - f_{2,gu+}^{k,-}\phi_{2,gu+}^{k}(r)) - J_{0,gu+}^{k}}{f_{0,gu-}^{k+1,-}\phi_{0,gu-}^{k+1}(r) - f_{0,gu+}^{k,-}\phi_{0,gu+}^{k}(r)}
\end{aligned}
\tag{5-146}
$$

$$
D_{2,gu+}^{k,\mathrm{NOD}} = 0 \tag{5-147}
$$

$$
D_{3,gu+}^{k,\mathrm{NOD}} = 0 \tag{5-148}
$$

$$
\begin{aligned}
&D_{4,gu+}^{k,\mathrm{NOD}} \\
&= \frac{-D_{2,gu+}^{k,\mathrm{FDM}}(f_{2,gu-}^{k+1,-}\phi_{2,gu-}^{k+1}(r) - f_{2,gu+}^{k,-}\phi_{2,gu+}^{k}(r)) - D_{4,gu+}^{k,\mathrm{FDM}}(f_{0,gu-}^{k+1,-}\phi_{0,gu-}^{k+1}(r) - f_{0,gu+}^{k,-}\phi_{0,gu+}^{k}(r)) - J_{2,gu+}^{k}}{f_{0,gu-}^{k+1,-}\phi_{0,gu-}^{k+1}(r) - f_{0,gu+}^{k,-}\phi_{0,gu+}^{k}(r)}
\end{aligned}
\tag{5-149}
$$

将耦合修正因子的计算式代入 CMFD 方程进行全堆迭代计算，直到计算收敛。

5.3.4　数值验证结果

堆芯计算程序 NLSP3 通过格式化输入文件控制计算，可以灵活描述矩形几何，使用均匀化群常数和不连续因子完成全堆计算。NLSP3 程序的使用说明参见附录 B。为了验证 NLSP3 程序的正确性，分别进行"单群特征值问题""2D-IAEA 输运基准题"和"3D-TAKEDA 快堆基准题"的数值验证。

1. 单群特征值问题

单群特征值问题是 RANTLEY 和 LARSEN[91] 定义的用来测试 SP3 方程求解系统特征值精度的模型。它的几何结构如图 5-2 所示，材料参数在表 5-2 中给出。RANTLEY 和 LARSEN 采用了 S_{16} 的计算结果作为参考解。同时，求解扩散方程和有限差分 SP3 方程得到两组解，其中网格划分为 100×100。作者采用自主开发的堆芯计算程序 NLSP3 进行了粗网格计算(10×10)和细网格计算(100×100)。表 5-3 给出了单群特征值问题的计算结果,通过对比可以看出,堆芯计算程序 NLSP3 与参考解吻合良好,粗网格计算和细网格计算均取得了较高的计算精度。

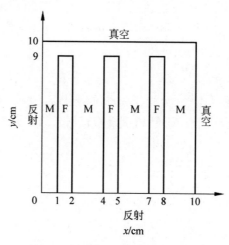

图 5-2　单群特征值问题几何结构

M:慢化剂;F:燃料

表 5-2　单群特征值问题的材料参数

	材料类型	
	M(慢化剂)	F(燃料)
$\sigma_t/\mathrm{cm}^{-1}$	1.0	1.5
$\sigma_s/\mathrm{cm}^{-1}$	0.93	1.35
$\sigma_f/\mathrm{cm}^{-1}$	0.0	0.1
$\nu\sigma_f/\mathrm{cm}^{-1}$	0.0	0.24

表 5-3　单群特征值问题的计算结果

方法	网格划分	k_{eff}	与参考解偏差/%
S_{16} 程序	150×150	0.806 132	
P_1 程序	100×100	0.776 534	−3.672
SP3 差分程序	100×100	0.798 617	−0.932
NLSP3 程序	10×10	0.799 128	−0.869
NLSP3 程序	100×100	0.798 979	−0.887

2. 2D-IAEA 输运基准题

2D-IAEA 输运基准题[92]是 J. Stepanek 定义的,其可以用来模拟单群轻水池式反应堆的模型,一共有 5 个区域,四周均为真空边界条件。该基准题的几何结构如图 5-3 所示,各区材料参数如表 5-4 所示。作者使用堆芯计算程序 NLSP3 对该基准题进行了粗网格计算和细网格计算,并且与 SURCU、DNTR 和 EFEN 的计算结果进行对比,计算结果如表 5-5 所示。通过对比可以看出,当网格划分相近时,NLSP3 程序与其他输运程序具有相当的计算精度。

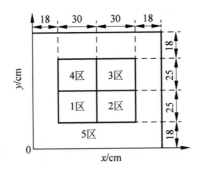

图 5-3　2D-IAEA 输运基准题的几何结构

表 5-4　2D-IAEA 输运基准题的材料参数[89]

区域	Σ_t/cm^{-1}	Σ_s/cm^{-1}	$\nu\Sigma_f/\text{cm}^{-1}$
1	0.60	0.53	0.079
2	0.48	0.20	0
3	0.70	0.66	0.043
4	0.65	0.50	0
5	0.90	0.89	0

表 5-5　2D-IAEA 输运基准题的计算结果[89]

程序	网格划分	1 区通量	2 区通量	3 区通量	4 区通量	5 区通量	k_{eff}
SURCU	—	0.016 86	0.000 125	0.000 041	0.000 295	0.000 791	1.0083
DNTR(S_4)	1148△	0.016 86	0.000 125	0.000 035	0.000 295	0.000 791	1.0085
EFEN	72×64□	0.016 86	0.000 125	0.000 040	0.000 297	0.000 795	1.0078
NLSP3	16×16□	0.016 86	0.000 124	0.000 027	0.000 294	0.000 715	1.0088
NLSP3	96×86□	0.016 86	0.000 124	0.000 036	0.000 294	0.000 789	1.0089

注：□代表矩形网格；△代表三角形网格。

3. 3D-TAKEDA 快堆基准题

本书选择了 3D-TAKEDA 快堆输运基准题[93]的第 2 个模型,模拟的
是一个小型快中子反应堆。该反应堆一共有 5 个材料区,分别为燃料区、轴
向增殖区、径向增殖区、钠填充区和控制棒区。控制棒区有半提起和全提起
两种工况。3D-TAKEDA 快堆输运基准题的几何结构和材料参数见附录 C。
参考解由精确蒙特卡罗方法求得。使用 NLSP3 程序对控制棒区全提起工
况和半提起工况(网格划分为 5cm×5cm×5cm)进行 4 群计算,其有效增殖
系数和相对功率分别列于表 5-6 和表 5-7 中。从计算结果中可以看出,在
两种工况下,有效增殖系数的计算误差均很小,同时各区域的通量分布也与
参考解吻合良好,显示了采用非线性迭代法求解 SP3 方程的正确性和堆芯
计算程序 NLSP3 的有效性。

表 5-6　3D-TAKEDA 控制棒区全提起工况下计算结果[89]

计算方法	蒙特卡罗参考解	NSP_N	NLSP3	
k_{eff} 和相对偏差	0.9732	−0.000 036	0.9734	0.000 021
能群	通量	偏差/%	通量	偏差/%
燃料区 1	4.2814E−05	0.065	4.2680E−05	−0.3130
2	2.4081E−04	0.014	2.4043E−04	−0.1568
3	1.6411E−04	−0.240	1.6388E−04	−0.1378
4	6.2247E−06	−0.678	6.2058E−06	−0.3043
轴向区 1	5.1850E−06	2.065	5.2270E−06	0.8094
2	4.6912E−05	1.272	4.6962E−05	0.1072
3	4.6978E−05	0.888	4.6944E−05	−0.0715
4	3.7736E−06	−0.229	3.7366E−06	−0.9802
径向区 1	3.3252E−06	2.351	3.3568E−06	0.9507
2	3.0893E−05	1.110	3.0851E−05	−0.1350
3	3.2834E−05	0.879	3.2765E−05	−0.2095
4	2.0473E−06	0.698	2.0423E−06	−0.2451
钠填充区 1	2.5344E−05	3.398	2.6053E−05	2.7975
2	1.6658E−04	0.361	1.6647E−04	−0.0637
3	1.2648E−04	0.360	1.2658E−04	0.0809
4	6.9840E−06	0.917	6.9970E−06	0.1865

表 5-7　3D-TAKEDA 控制棒区半提起工况下计算结果[89]

计算方法	蒙特卡罗	NSP$_N$		NLSP3	
k_{eff} 和相对偏差	0.9594	0.9572	0.002 293	0.9593	0.000 104
能群	通量	通量	误差/%	通量	误差/%
燃料区 1	4.3482E−05	4.3417E−05	−0.1495	4.3350E−05	−0.3036
燃料区 2	2.4171E−04	2.4158E−04	−0.0538	2.4152E−04	−0.0788
燃料区 3	1.6200E−04	1.6202E−04	0.0123	1.6194E−04	−0.0340
燃料区 4	6.0438E−06	6.0301E−06	−0.2267	6.0247E−06	−0.3167
轴向区 1	5.2209E−06	5.3511E−06	2.4938	5.2884E−06	1.2929
轴向区 2	4.6772E−05	4.7299E−05	1.1267	4.6895E−05	0.2625
轴向区 3	4.6190E−05	4.6468E−05	0.6019	4.6215E−05	0.0550
轴向区 4	3.6287E−06	3.6463E−06	0.4850	3.6311E−06	0.0657
径向区 1	3.3176E−06	3.3879E−06	2.1190	3.3434E−06	0.7786
径向区 2	3.0438E−05	3.0740E−05	0.9922	3.0436E−05	−0.0065
径向区 3	3.2126E−05	3.2271E−05	0.4513	3.2043E−05	−0.2597
径向区 4	2.0016E−06	2.0007E−06	−0.0450	1.9881E−06	−0.6732
钠填充区 1	2.5902E−05	2.5960E−05	0.2239	2.6450E−05	2.1141
钠填充区 2	1.6779E−04	1.6676E−04	−0.6139	1.6705E−04	−0.4381
钠填充区 3	1.2551E−04	1.2430E−04	−0.9641	1.2458E−04	−0.7396
钠填充区 4	7.0648E−06	6.6650E−06	−5.6590	6.7325E−06	−4.7031
控制棒区 1	1.6556E−05	1.7191E−05	3.8355	1.7122E−05	3.4186
控制棒区 2	9.1050E−05	9.3279E−05	2.4481	9.2544E−05	1.6406
控制棒区 3	5.1815E−05	5.2752E−05	1.8084	5.2405E−05	1.1384
控制棒区 4	1.1073E−06	1.1395E−06	2.9080	1.1158E−06	0.7708

　　从以上堆芯计算程序 NLSP3 对"单能特征值问题""2D-IAEA 输运基准题"和"3D-TAKEDA 快堆基准题"的测试结果可以看出：稳定收敛的非线性迭代法求解 SP3 方程具有计算可行性，自主研制的堆芯计算程序 NLSP3 具有稳定的数值收敛性，在各种全堆计算问题中取得了较高的计算精度。

第 6 章　基于 NLSP3 的全局减方差

6.1　本章引论

  反应堆物理数值模拟方法主要分为确定论方法和蒙特卡罗方法,确定论方法具有计算效率高的优点,蒙特卡罗方法具有计算精度高的优点,基于确定论方法的混合蒙特卡罗方法结合了两种方法的优点,得到了广泛关注和应用。本章进行基于堆芯计算程序 NLSP3 的全局减方差方法研究,因为堆芯计算程序 NLSP3 求解 SP3 方程时需要均匀化群常数,所以首先基于 RMC 程序进行全堆均匀化方法研究,然后再进行全局减方差。本章分为两部分:①基于 RMC 程序进行全堆均匀化方法研究,生成全堆的均匀化群常数;② 调用堆芯计算程序 NLSP3 计算全堆的通量分布,构造全局的权窗参数,执行全局减方差计算。同时,本章也尝试使用全堆的通量分布进行源收敛加速研究。

  本章的组织结构如下: 6.2 节介绍 RMC 程序的全堆均匀化方法研究,即在 RMC 程序固定源计算过程中,统计全堆的均匀化群常数; 6.3 节介绍基于 NLSP3 程序的源收敛加速和全局减方差方法。

6.2　基于 NLSP3 的全堆均匀化方法研究

6.2.1　全堆均匀化方法的理论基础

  传统堆芯计算两步法[94]首先使用核素的微观截面对组件进行均匀化计算获得群常数,然后使用这些群常数进行全堆扩散计算。所以,群常数对于反应堆物理分析的精度至关重要。同时,在该计算过程中需要考虑共振效应[95]、并群并区、泄漏修正[96]和等效均匀化[97]等问题。

  确定论方法通过引入假设和近似来解决以上问题,这样不可避免地影响了其通用性和计算精度。相比于确定论方法,蒙特卡罗方法具有更好的几何普适性,其在均匀化过程中使用连续能量截面,可以避免烦琐的共振自屏计算,同时具有更高的计算精度和更广的适应性。所以,蒙特卡罗均匀化方法研究是一个具有价值的话题。

在组件均匀化中,使用全反射边界条件去代替真实的边界条件,通常需要采用 BN 理论对群常数进行泄漏修正。针对这一问题,全堆均匀化方法被提出,这种方法有望解决传统均匀化计算过程中的绝大多数问题,使堆芯两步法的计算精度向直接全堆模拟看齐。所以,使用蒙特卡罗全堆均匀化方法来计算群常数是比较理想的选择。

使用蒙特卡罗程序进行均匀化计算的过程,实际上是在某计算区域内对某反应截面依据中子能谱进行压缩并群的过程:

$$\overline{\Sigma}_{x,g}^{i} \equiv \frac{\int_{V_i} \Sigma_{x,g} \phi_g(r) \mathrm{d}V}{\int_{V_i} \overline{\phi}_g(r) \mathrm{d}V}, \quad x = a, f, s, \cdots, \quad g = 1, 2, \cdots, G \quad (6-1)$$

式中,V_i 表示第 i 个区域的体积;$\phi_g(r)$ 表示 r 处的 g 能群的群通量;x 表示各种具体的反应类型;G 表示总能群数;$\Sigma_{x,g}$ 代表 g 能群 x 反应类型的截面;符号"—"表示均匀化后的物理量。

均匀化群常数连接了组件计算和堆芯计算,需要保证计算过程中的一些重要参数守恒,即系统的关键特征量守恒。目前,主要选择以下 3 个物理量作为均匀化群常数计算的守恒标准。

各能群的反应率守恒:

$$\int_{V_i} \overline{\Sigma}_{x,g} \overline{\phi}_g(r) \mathrm{d}V = \int_{V_i} \Sigma_{x,g} \phi_g(r) \mathrm{d}V, \quad x = a, f, s, \cdots, \quad g = 1, 2, \cdots, G$$

$$(6-2)$$

各能群的界面流守恒:

$$-\int_{S_{ik}} \overline{D}_g(r) \frac{\partial}{\partial u} \overline{\phi}_g(r) \cdot \mathrm{d}S = \int_{S_{ik}} J_g^u(r) \cdot \mathrm{d}S, \quad g = 1, 2, \cdots, G, k = 1, 2, \cdots, K$$

$$(6-3)$$

系统的特征值守恒:

$$-\sum_{k=1}^{K} \int_{S_{ik}} \overline{D}_g(r) \nabla \overline{\phi}_g(r) \cdot \mathrm{d}S + \int_{V_i} \overline{\Sigma}_{t,g} \overline{\phi}_g(r) \mathrm{d}V$$

$$= \sum_{g'=1}^{G} \left(\int_{V_i} \overline{\Sigma}_{g' \to g} \overline{\phi}_g(r) \mathrm{d}V + \frac{1}{k} \int_{V_i} \chi_g \nu \overline{\Sigma}_{f,g'} \overline{\phi}_{g'}(r) \mathrm{d}V \right),$$

$$g = 1, 2, \cdots, G, \quad i = 1, 2, \cdots, I \quad (6-4)$$

在 RMC 程序中统计中子通量和各种反应率,满足如下中子通量、反应率和宏观截面的关系:

$$\Sigma_{x,g} = \frac{R_{x,g}}{\phi_g} \tag{6-5}$$

式中,$R_{x,g}$ 表示 g 能群 x 反应类型的反应率。

在满足式(6-2)、式(6-3)和式(6-4)所描述的 3 个守恒标准后,就可以基于式(6-1)和式(6-5)计算均匀化群常数。

堆芯计算程序 NLSP3 求解 SP3 方程时需要输运截面 $\Sigma_{t,g}$、吸收截面 $\Sigma_{a,g}$、裂变产生截面 $\nu\Sigma_{f,g}$、裂变能谱 $\chi(E)$ 和散射矩阵 $\boldsymbol{\Sigma}_{s,g' \to g}$。在 RMC 程序中,使用径迹长度法来统计中子通量和各种反应率。下面介绍 RMC 程序统计这些群常数的具体过程。

在 r 处 g 能群的群通量为

$$\phi_g(r) = \frac{\int_V \int_t \int_{E_g}^{E_{g-1}} \phi(r,E,t)\,\mathrm{d}E\,\mathrm{d}t\,\mathrm{d}V}{V} \tag{6-6}$$

根据中子通量与中子密度、中子速度的关系

$$\phi(r,E,t) = \nu N(r,E,t) \tag{6-7}$$

将式(6-7)代入式(6-6),得到

$$\phi_g(r) = \frac{\int_V \int_t \int_{E_g}^{E_{g-1}} \nu N(r,E,t)\,\mathrm{d}E\,\mathrm{d}t\,\mathrm{d}V}{V} \tag{6-8}$$

将式(6-8)中对时间的积分改写为对中子径迹的积分:

$$\phi_g(r) = \frac{\int_V \int_s \int_{E_g}^{E_{g-1}} N(r,E,t)\,\mathrm{d}E\,\mathrm{d}s\,\mathrm{d}V}{V} \tag{6-9}$$

式中,V 表示被统计区域的体积;s 表示中子从产生到消失的运动距离。在 RMC 程序中,中子密度等于单位体积内中子权重 W 的总和,中子的运动距离等于径迹长度 TL。因此,式(6-9)可写为

$$\phi_g = \frac{\int_{E_g}^{E_{g-1}} \mathrm{d}E \int_V \mathrm{d}V \sum_{i=1}^{N} W \cdot \mathrm{TL}_V^i(E)}{V \sum_{i=1}^{N} W_0^i} \tag{6-10}$$

式中,$W \cdot \mathrm{TL}_V^i$ 表示在能量区间 E、体积 V 处的中子权重和中子径迹长度的乘积;W_0^i 是第 i 个中子的初始权重;N 为被追踪的总中子数。式(6-10)

给出了 RMC 程序统计中子通量的计算式,对于反应率也有类似的计算式:

$$\Sigma_g \phi_g = \frac{\int_{E_g}^{E_{g-1}} dE \int_V dV \sum_{i=1}^{N} W \cdot \mathrm{TL}_V^i(E) \cdot \Sigma(r,E)}{V \sum_{i=1}^{N} W_0^i} \tag{6-11}$$

结合式(6-5)、式(6-10)和式(6-11)可得 RMC 程序计算均匀化群常数的计算式:

$$\Sigma_g = \frac{\int_{E_g}^{E_{g-1}} dE \int_V dV \sum_{i=1}^{N} W \cdot \mathrm{TL}_V^i(E) \cdot \Sigma(r,E)}{\int_{E_g}^{E_{g-1}} dE \int_V dV \sum_{i=1}^{N} W \cdot \mathrm{TL}_V^i(E)} \tag{6-12}$$

分群计算需要知道裂变中子在不同能群中的份额,即 $\chi(E)dE$,$\chi(E)$ 称为"裂变能谱"。虽然不同核素的裂变能谱不同,但是差别不大,因此,可以通过实验模拟计算得到近似的裂变能谱。

对于裂变能谱,RMC 程序通过统计裂变中子的能量分布概率 $p(E)$ 来计算:

$$\chi(E) = p(E) \tag{6-13}$$

对于散射矩阵,RMC 程序可以分别记录散射反应前后的中子能量,判断能量值所属的能量区间,并进行统计,获得散射概率矩阵:

$$P_{g \to g'} = \frac{\int_{E_{g'}'}^{E_{g'-1}'} dE' \int_{E_g}^{E_{g-1}} dE \int_V \phi(r,E)\Sigma_s(r,E \to E')dV}{\int_{E_g}^{E_{g-1}} dE \int_V \phi(r,E)\Sigma_s(r,E)dV} \tag{6-14}$$

散射矩阵的元素是群间转移截面,它等于散射概率乘以散射截面:

$$\boldsymbol{\Sigma}_{s,g \to g'} = P_{g \to g'} \cdot \Sigma_{s,g} \tag{6-15}$$

同时,对于截面的各向异性,采用输运修正方法对总截面进行调整,得到输运截面:

$$\Sigma_{tr,g} = \Sigma_{t,g} - \bar{\mu}_0 \Sigma_{s,g} \tag{6-16}$$

式中,$\bar{\mu}_0$ 为平均散射角余弦。

以上便是 RMC 程序统计均匀化群常数的计算式。在 RMC 程序模拟中子输运的过程中,可以统计堆芯计算程序 NLSP3 所需的输运截面 $\Sigma_{tr,g}$、吸收截面 $\Sigma_{a,g}$、裂变产生截面 $\nu\Sigma_{f,g}$、裂变能谱 $\chi(E)$ 和散射矩阵 $\boldsymbol{\Sigma}_{s,g' \to g}$。

6.2.2　固定源计算模式的全堆均匀化方法

本节介绍 RMC 程序在固定源计算模式下的全堆均匀化方法。传统的蒙特卡罗全堆均匀化都是基于临界计算模式,但是由于全系统在相空间上的不均匀性会导致系统各处的有效样本数不相同,计算得到的各材料区域的均匀化群常数精度不一致,影响后续 NLSP3 的全堆计算。特别是对于深穿透屏蔽问题,屏蔽区域的样本数极少,临界计算甚至无法计算屏蔽区域的均匀化群常数。所以,作者尝试基于固定源计算模式进行全堆均匀化方法研究,通过控制初始中子源、调整中子输运过程,近似求解均匀化群常数。

同时,就像式(6-1)所描述的,使用蒙特卡罗方法统计群常数的过程近似于对某反应截面依据中子能谱压缩并群的过程,所以只要在固定源计算的过程中保证中子能量按照临界能谱分布,就可以减少均匀化群常数的误差。为了减少固定源计算模式下统计均匀化群常数的误差,作者使用了如下技巧。

(1) 为固定源计算设置一个均匀的体源

通过设置一个均匀的体源,可以保证在固定源计算过程中各材料区域具有相同的中子历史,特别是对于堆芯外围或屏蔽层,相对于临界计算,固定源计算可以保证这些区域具有足够的中子历史。因此,在固定源计算中设置均匀的体源,可以使统计得到的均匀化群常数处于相同的置信区间。保证 NLSP3 程序所使用的均匀化群常数处于相同的置信区间对于混合蒙特卡罗计算流程是很重要的。

(2) 在中子输运过程中不产生裂变中子

有效增殖系数 K_{eff} 是反应堆控制中很重要的物理量,它代表反应堆产生中子和吸收中子的比例。对于超临界系统($k_{eff} > 1$)而言,一个中子被吸收,大约会产生 k_{eff} 个新的中子,在固定源计算过程中会产生无限分裂的问题,无限分裂导致中子越来越多,计算无法终止。为了解决无限分裂问题,在全堆均匀化的过程中不产生裂变中子,只记录中子随机游走过程中各种反应发生的概率。

(3) 使用瓦特能谱和修正中子输运过程近似临界能谱

中子的能量分布对于均匀化计算是十分重要的,但是固定源计算无法得到临界能谱,所以只能对中子输运过程进行修正,去近似临界能谱。作者对多种核素发生裂变反应的裂变能谱进行调研,发现尽管各种核素发生裂

变反应的裂变能谱并不相同,但是大体上符合瓦特能谱的规律:

$$p(E) = Ce^{-E/a} \sinh \sqrt{bE} \tag{6-17}$$

式中,a 和 b 为与核素相关的系数,对于铀-235 分别取 0.965MeV 和 2.29MeV^{-1}。

如技巧(2)所描述,中子在输运过程中不产生裂变中子。为了补偿裂变中子,需要保证固定源计算的外中子源按照瓦特能谱分布,即在中子输运过程中不产生裂变中子,但是人为通过外中子源为系统补偿裂变中子。

同时,把系统中的临界能谱拆分为裂变能谱、散射能谱和中子随机游走过程,即

$$f_{\text{裂变}}(E) + f_{\text{散射}}(E) + \text{随机游走} \Rightarrow f_{\text{临界}}(E) \tag{6-18}$$

为了使中子在系统中的能量分布逐渐接近临界能谱,还需要让每个中子具有更长的随机游走过程,同时在中子被吸收之前,尽量多地发生散射反应。所以,作者人为地降低了中子的截断权窗,保证了每个中子具有更长的随机游走过程和发生更多的散射反应。

6.2.3　全堆均匀化的计算结果

作者采用了 C5G7 基准题[98],并使用 NLSP3 程序对基于固定源计算模式的蒙特卡罗全堆均匀化方法进行了测试,C5G7 基准题的轴向几何图如图 6-1 所示。

该基准题具有 MOX 燃料,各向异性较强,可以较好地进行蒙特卡罗全堆均匀化方法的验证。该基准题的堆芯有 4×4 的组件布局,加上外围的水屏蔽层,可以看作 6×6 的结构布局,所以在全堆均匀化过程中被划分为 6×6 的网格,即一共统计 36 个区域的均匀化群常数。在均匀化统计的过程中,能量被划分为 4 个能量区间,为 [0, 6.25E−07]MeV,[6.25E−07, 5.53E−03]MeV,[5.53E−03, 8.21E−01]MeV,[8.21E−01, 20]MeV。每个网格设置了 10 000 个外中子源,故固定源计算一共模拟了 360 000 个中子。

为了测试基于固定源计算模式的全堆均匀化群常数在重建全堆通量上的精度,作者将统计得到的 36 个区域的四群群常数应用于堆芯计算程序 NLSP3 上,每个均匀化区域被划分为 4×4 的节块,即对于该 C5G7 基准题,NLSP3 程序的建模为 24×24 的节块。在作者的服务器上进行 36 线程的并行计算,其中 RMC 全堆均匀化加上 NLSP3 全堆计算的总时间为 0.43min。使用 NLSP3 程序重建全堆通量的四群通量分布如图 6-2 所示。

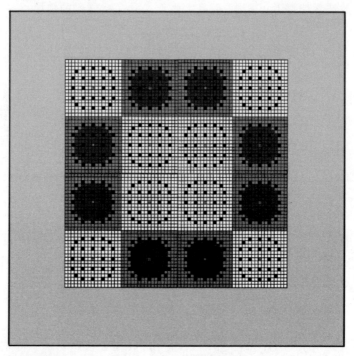

■控制棒导向管 □UO$_2$燃料棒 ▨4.3%MOX燃料棒 ▧7.0%MOX燃料棒

▨水屏蔽层 ▨裂变腔 ■8.7%MOX燃料棒

图 6-1　C5G7 基准题的几何图

　　为了定量地分析 NLSP3 重建全堆通量的准确性,作者使用 RMC 程序对 C5G7 基准题进行了参考解计算,计算参数为 50 个非活跃代,一共 1000个计算代,每代中子数为 5 000 000。同时统计了 C5G7 基准题的 24×24 节块的四群通量分布。在作者的服务器中进行 36 线程的并行计算,计算时间为 1624.36min,此时参考解的标准差控制在 0.1% 以内。

　　将 RMC 直接模拟得到的总通量分布与"RMC 全堆均匀化-NLSP3 全堆计算"得到的总通量分布对比制图,如图 6-3 所示。

　　从图 6-3 中可以看出,"RMC 全堆均匀化-NLSP3 全堆计算"可以较好地重建全堆的总通量分布。同时,因为 C5G7 基准题具有对称性,作者将 1/4 堆芯的 8×8 节块的四群通量进行对比,对比结果如表 6-1 所示。

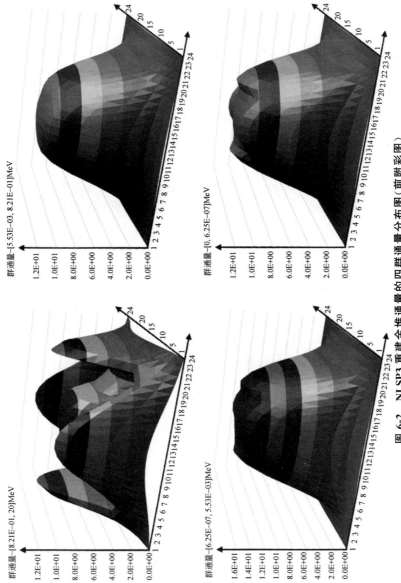

图 6-2　NLSP3 重建全堆通量的四群通量分布图（前附彩图）

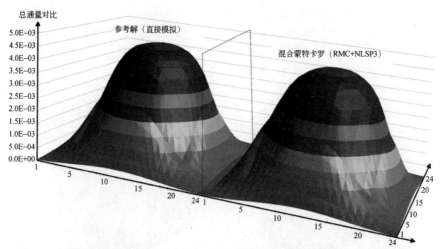

图 6-3　RMC 直接模拟与"RMC 全堆均匀化-NLSP3 全堆计算"的总通量分布对比图（前附彩图）

表 6-1　RMC 直接模拟与"RMC 全堆均匀化-NLSP3 全堆计算"的计算结果对比

		RMC 直接模拟		RMC＋NLSP3
	计算模式	临界计算		固定源
	计算参数	5 000 000	50 1000	360 000
	计算时间/min	1624.36		0.43
平均偏差	[0,6.25E−07]MeV		3.63%	
	[6.25E−07,5.53E−03]MeV		3.85%	
	[5.53E−03,8.21E−01]MeV		3.04%	
	[8.21E−01,20]MeV		5.37%	
	总通量		1.91%	

　　从表 6-1 可以看出，"RMC 全堆均匀化-NLSP3 全堆计算"重建的全堆通量获得了较高的计算精度，在只花费了 0.43min 的计算时间下，取得了接近于 RMC 直接模拟 1624.36min 的计算结果，所以"RMC 全堆均匀化-NLSP3 全堆计算"的计算框架可以应用到 RMC 程序的源收敛加速和全局减方差中，以提高 RMC 程序模拟深穿透屏蔽计算问题的计算效率。

6.3　基于 NLSP3 的混合蒙特卡罗方法

6.3.1　基于 NLSP3 的源收敛加速

　　从 6.2 节可以看出，"RMC 全堆均匀化-NLSP3 全堆计算"的计算框架

可以高效地重建全堆通量分布。其中,裂变反应率、中子通量和裂变产生截面的关系如下:

$$R_{f,g}^{i} = \phi_g^{i} \cdot \nu\Sigma_{f,g}^{i} \qquad (6\text{-}19)$$

式中,$R_{f,g}^{i}$ 是第 i 号区域 g 能群的裂变反应率;ϕ_g^{i} 是第 i 号区域 g 能群的中子通量;$\nu\Sigma_{f,g}^{i}$ 是第 i 号区域 g 能群的裂变产生截面。

根据式(6-19)可以计算出全堆各区域各能量区间的裂变反应率,有了裂变反应率,就可以确定蒙特卡罗临界计算的初始裂变源,进行源收敛加速。将由式(6-19)计算得到的裂变反应率进行归一化:

$$\overline{R_{f,g}^{i}} = \frac{R_{f,g}^{i}}{\sum_{i,g} R_{f,g}^{i}} \qquad (6\text{-}20)$$

假设蒙特卡罗临界计算的每代粒子数为 N,则在第 i 号区域 g 能群需要抽样的原始裂变中子数为

$$n_g^{i} = \overline{R_{f,g}^{i}} \cdot N \qquad (6\text{-}21)$$

式(6-21)给出了初始裂变源在空间和能群上的分布,但是未给出裂变中子在各能群内精确的能量分布。为了得到裂变中子在能群内合理的能量分布,假设裂变中子在每个能群内均满足偏倚的麦克斯韦分布:

$$p(E) = C\sqrt{E} \cdot e^{-E/a} \qquad (6\text{-}22)$$

式中,C 是归一化常数;a 是对麦克斯韦分布进行偏倚的常数。对于某能群,它的能量下限为 E_g,能量上限为 E_{g+1},首先需要确定适合该能群的偏倚系数 a,从而对麦克斯韦分布进行偏倚:

$$a = \frac{E_g + E_{g+1}}{2} \qquad (6\text{-}23)$$

确定了裂变中子在某能群内具体的麦克斯韦分布,采用拒绝抽样的策略来抽取初始裂变中子的状态。即在某能群内,根据式(6-22)抽样一个能量值,如果该能量值在能量区间内,则采用该能量值作为裂变中子的初始能量;如果该能量值不在能量区间内,则放弃该能量值,重新抽样。

有了初始裂变源的空间-能量分布,便可以提高蒙特卡罗临界计算初始裂变源的精度,进行源收敛加速。基于"RMC 全堆均匀化-NLSP3 全堆计算"的源收敛加速方法计算流程[99]如图 6-4 所示。

作者采用了如图 6-1 所示的 C5G7 基准题对基于 NLSP3 的源收敛加速方法进行了测试,并统计香农熵来诊断源收敛过程。分别采用了点初始源、体均匀初始源和 NLSP3 提供的初始源进行了 3 组临界计算,每代中子

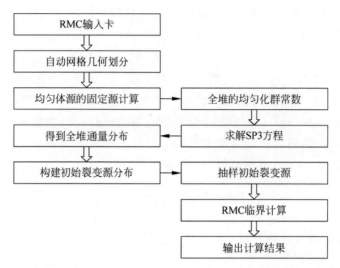

图 6-4　基于"RMC 全堆均匀化-NLSP3 全堆计算"的源收敛加速流程图

数为 5 000 000，一共计算了 50 个非活跃代和 50 个活跃代。所有的计算都是在作者的服务器上进行的 36 线程的并行计算，同时对比了当采用这 3 种不同的初始源时，实现源收敛所需的计算时间。其中采用 NLSP3 初始源完成源收敛的计算时间包括了"RMC 全堆均匀化"和"NLSP3 全堆计算"的时间。3 组不同初始源的临界计算的香农熵分布如图 6-5 所示；3 组不同初始源的临界计算实现源收敛的计算时间对比如表 6-2 所示。

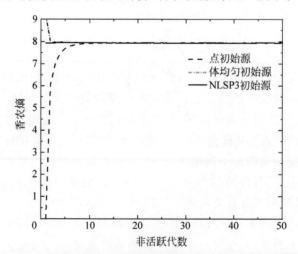

图 6-5　C5G7 基准题 3 组不同初始源的临界计算的香农熵对比

表 6-2　C5G7 基准题 3 组临界计算完成源收敛所需计算时间的对比

初始裂变源的类型	计算时间/min
点初始源	24.1400
体均匀初始源	18.6246
NLSP3 初始源（包括 RMC 全堆均匀化和 NLSP3 全堆计算的时间）	3.7219

从图 6-5 可以看出，采用点初始源大约需要 19 个非活跃代的计算才能实现源收敛，采用体均匀初始源大约需要 14 个非活跃代的计算才能实现源收敛，而采用 NLSP3 提供的初始源只需要 3 个非活跃代的计算就能实现源收敛，所以采用点初始源和体均匀初始源是不合理的。同时，NLSP3 提供的初始源不但可以减少所需非活跃代的数目，还可以减少源收敛所需的时间。所以，基于"RMC 全堆均匀化-NLSP3 全堆计算"的计算流程可以实现源收敛加速。

图 6-1 所示的 C5G7 基准题，只需要统计 $6 \times 6 = 36$ 个材料区域的均匀化群常数，然后在 NLSP3 全堆计算中将每个材料区域划分为 $4 \times 4 = 16$ 个节块。在如图 6-4 所示的源收敛加速计算流程中，主要的计算时间花费在 RMC 全堆均匀化上面，为了进一步测试"RMC 全堆均匀化-NLSP3 全堆计算"进行源收敛加速的效果，在一个标准压水堆组件上进行测试，该组件的几何图如图 6-6 所示。

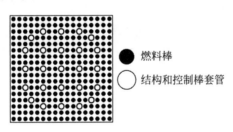

图 6-6　标准压水堆组件的几何图

该标准压水堆组件一共有 $17 \times 17 = 289$ 个栅元，包含了 264 个燃料棒和 25 个控制棒导向管，组件外围是真空边界条件。针对该算例，RMC 全堆均匀化一共统计了 $17 \times 17 = 289$ 个区域的均匀化群常数，在 NLSP3 全堆计算中不再细分每个均匀化区域，每个均匀化区域就是一个节块。相对于 C5G7 基准题的测试，在压水堆组件上进行源收敛加速测试，需要统计更多区域的均匀化群常数，整个计算流程在 RMC 全堆均匀化上会花费更多的计算时间。所以，在压水堆组件上的测试在一定程度上是在测试使用

"RMC 全堆均匀化-NLSP3 全堆计算"加速源收敛时面对的最糟糕的情况。

依然统计香农熵来诊断源收敛过程,分别采用了点初始源、体均匀初始源和 NLSP3 提供的初始源进行临界计算,每代中子数为 10 000,一共计算了 50 个非活跃代和 550 个活跃代。对比了在采用这 3 种不同的初始源时,实现源收敛所需的计算时间。其中,采用 NLSP3 提供的初始源完成源收敛的计算时间包括了"RMC 全堆均匀化"和"NLSP3 全堆计算"的时间,计算时间的对比如表 6-3 所示。

表 6-3   标准压水堆组件算例 3 组临界计算完成源收敛所需计算时间的对比

初始裂变源的类型	计算时间/min
点初始源	4.2491
体均匀初始源	3.1366
NLSP3 初始源(包括 RMC 全堆均匀化和 NLSP3 全堆计算的时间)	2.4910

从表 6-3 可以看出,即使面对一个均匀化区域对应一个全堆计算节块的这种最糟糕的情况,"RMC 全堆均匀化-NLSP3 全堆计算"的计算框架依然可以实现源收敛加速的计算效果。所以,本书开发的基于 NLSP3 的源收敛加速方法具有可行性和有效性。

6.3.2 基于 NLSP3 的全局减方差

从 6.2 节可以看出,"RMC 全堆均匀化-NLSP3 全堆计算"(NLSP3)的计算框架可以高效地重建全堆通量分布。有了全堆通量分布,便可以构建全局的权窗参数。假设 NLSP3 全堆计算得到的全堆通量分布为 ϕ_g^k,其中 k 代表计算区域,g 代表能群。本次开发的全局减方差方法主要对中子的空间位置进行偏倚,所以对于某一材料区域的群通量进行累加,可以得到空间相关的总通量:

$$\phi_k = \sum_{g=1}^{G} \phi_g^k \tag{6-24}$$

计算各区域中子通量占最大中子通量的比例:

$$\bar{\phi}_k = \phi_k / \max(\phi_k) \tag{6-25}$$

使用式(6-25)计算得到的比例来近似全局的权窗参数:

$$w_k = \frac{1}{\bar{\phi}_k} \tag{6-26}$$

有了全局的权窗参数,就可以通过轮盘赌和分裂进行全局减方差。基于 NLSP3 的全局减方差计算流程图[100]如图 6-7 所示。

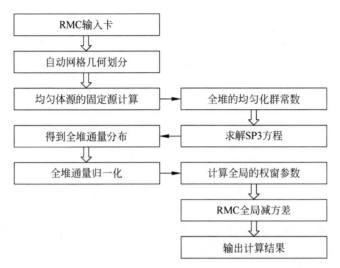

图 6-7　基于 NLSP3 的全局减方差流程图

作者以图 6-1 所示的 C5G7 基准题作为基础,在堆芯外围设置了 64.362cm 厚的水屏蔽层,即 3 倍单组件的厚度,使其具有深穿透特性,修改后的 C5G7 基准题的几何图如图 6-8 所示。使用该算例对基于 NLSP3 的全局减方差方法进行测试。

深穿透特性的 C5G7 基准题的堆芯是 4×4 的组件布局,堆芯外围是 3 倍单组件厚度的水屏蔽层,所以将全系统划分为 10×10＝100 的均匀化区域,能量划分为四群,能量边界为[0,6.25E−07]MeV,[6.25E−07,5.53E−03]MeV,[5.53E−03,8.21E−01]MeV,[8.21E−01,20]MeV。RMC 全堆均匀化时执行固定源计算,每个均匀化区域有 10 000 个外中子源,所以 RMC 全堆均匀化一共模拟了 1 000 000 个中子。

完成 RMC 全堆均匀化后,便得到了 100 个均匀化区域的四群群常数,使用堆芯计算程序 NLSP3 进行全堆计算,每个均匀化区域划分为 4×4＝16 个节块,所以 NLSP3 程序一共给出了 40×40＝1600 个节块的通量分布。在 NLSP3 全堆计算中,内迭代的收敛标准是小于 0.001,外迭代的收敛标准是小于 0.001,有效增殖系数 k_{eff} 的收敛标准是小于 0.0001。

有了全堆通量分布以后,根据式(6-26)计算全局的权窗参数,执行全局减方差计算,一共计算了 50 个非活跃代,450 个活跃代,每代中子数为 10 000。以上计算是在作者的服务器上进行的 24 线程的并行计算,"RMC

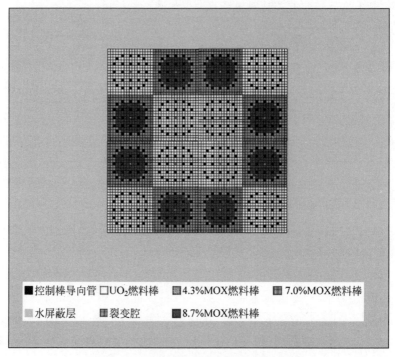

■控制棒导向管 □UO₂燃料棒   ▦4.3%MOX燃料棒   ▦7.0%MOX燃料棒

▦水屏蔽层   ▦裂变腔   ■8.7%MOX燃料棒

图 6-8   深穿透特性的 C5G7 基准题几何图

全堆均匀化-NLSP3 全堆计算-RMC 全局减方差"这一完整的计算过程共耗时 15.67min。作为对比,作者也使用 RMC 进行了直接模拟计算,一共计算了 50 个非活跃代,450 个活跃代,每代的粒子数为 1 000 000 个中子,24 线程的并行计算的时间为 151.80min。为了直观地对比基于 NLSP3 的全局减方差在展平全堆方差分布上的效果,作者将全局减方差计算所得的方差分布与直接模拟计算所得的方差分布对比制图,如图 6-9 所示。

从图 6-9 可以看出,采用直接模拟法计算深穿透特性的 C5G7 基准题,各计算区域离堆芯越远,计算结果的方差越大,而且随着距离呈指数增长;基于 NLSP3 的全局减方差模拟,实现了方差在全系统中的展平,不仅保证了堆芯区域计算结果的精度,还保证了堆芯外围屏蔽层计算结果的精度。为了定量地对比两种模拟方法的效率,采用如下物理量来进行对比。

全系统中最大方差与最小方差的比例:

$$\sigma_{\max}/\sigma_{\min} = \frac{\max(\mathrm{Re}_i)}{\min(\mathrm{Re}_i)} \tag{6-27}$$

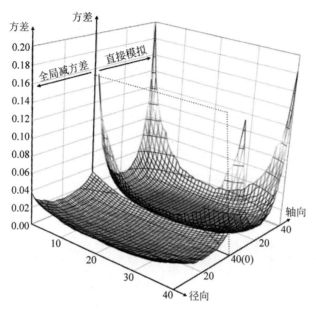

图 6-9　直接模拟法与全局减方差方法计算所得方差分布对比图（前附彩图）

平均品质因子：

$$AV. FOM = \frac{N}{T \cdot \sum\limits_{i=1}^{N} Re_i^2} \tag{6-28}$$

相对偏差的标准差：

$$\sigma_{Re} = \sqrt{\frac{1}{N} \cdot \sum\limits_{i=1}^{N} Re_i^2 - \frac{1}{N^2} \cdot \left(\sum\limits_{i=1}^{N} Re_i^2\right)^2} \tag{6-29}$$

式中，Re_i 表示第 i 号区域的方差；T 为总的计算时间；N 为模拟的总粒子数。将计算结果对比于表 6-4。

表 6-4　直接模拟法与全局减方差方法计算效率的对比

物理量	直接模拟法	全局减方差模拟
AV. FOM	1.1364E+01	3.8394E+02
σ_{Re}	2.4070E−02	1.2893E−02
$\sigma_{max}/\sigma_{min}$	6.1998E+02	1.2196E+01
计算时间/min	151.7987	15.6655

从表 6-4 可以看出，基于 NLSP3 的全局减方差方法相对于直接模拟

法,平均品质因子提升了 33 倍。所以,采用直接模拟法模拟深穿透特性的 C5G7 基准题是不经济的,基于 NLSP3 的全局减方差方法可以有效提高 RMC 程序模拟深穿透问题的计算效率。

本书开发的 RMC-NLSP3 的混合 MC 框架虽然看起来像"组件计算"+ "堆芯计算"这种传统的堆芯两步法,但是实际上它跟传统的堆芯两步法具 有较大的区别,因为它在蒙特卡罗固定源的计算模式下实现了"全堆均匀 化"+"全堆计算"的一步法,可以快速求得全局信息,从而实现蒙特卡罗临 界计算的源收敛加速和全局减方差。而且,因为它可以快速得到全局信息, 所以未来它可以被蒙特卡罗程序用来加速燃耗计算、加速核热耦合计算,甚 至可以用来优化敏感性和不确定性分析。同时,本书开发的混合 MC 框架 也区别于裂变矩阵法或响应矩阵法等这类混合 MC 方法。裂变矩阵法在 中子随机游走的过程中统计裂变矩阵,通过求解裂变矩阵的特征值和特征 向量获得系统信息。而本书的混合 MC 框架在中子游走的过程中统计均 匀化截面,编制堆芯计算程序,严格求解中子输运方程,所以本书开发的混 合 MC 方法相对于裂变矩阵法在计算精度和数值稳定性上有明显优势。

第 7 章 总结与展望

7.1 本 书 总 结

本书基于自主堆用蒙特卡罗程序 RMC 开展了屏蔽模块再开发和先进减方差方法的研究工作。本书研究的主要成果和创新点包括以下内容。

(1) 研究了光子输运物理模型和中子-光子耦合输运过程,完善了 RMC 程序模拟光子输运和中子-光子耦合输运的计算能力。同时,对中子-光子耦合输运方法进行了改进和优化,使用了康普顿轮廓对束缚态电子进行多普勒展宽的修正、提出了深度耦合的光子输运方法和预处理的光子输运方法。

(2) 基于 RMC 的通用减方差方法,开发了自适应减方差方法,抛弃了传统减方差方法进行"空间迭代"的策略,改为"波形迭代",从而极大地提高了迭代收敛的速度,同时实现了迭代初始值预估的鲁棒性;开发了最佳源偏倚方法,对蒙特卡罗临界计算的裂变源抽样技术进行优化,实现了全局减方差。

(3) 对简化球谐函数法和相应的数值解法进行研究,提出了带角度离散的耦合修正关系式,解决了传统非线性迭代的数值不稳定问题,建立了新的稳定收敛的求解 SPN 方程的非线性迭代法,并且编制了堆芯计算程序 NLSP3,验证了其计算精度和效率。

(4) 结合 RMC 程序和 NLSP3 程序进行混合蒙特卡罗方法研究,开发了具有特色的混合 MC 计算框架,其既区别于传统的堆芯两步法,也区别于裂变矩阵法等混合 MC 方法。在 RMC 程序中实现了基于 NLSP3 的源收敛加速功能和基于 NLSP3 的全局减方差计算功能,提高了 RMC 程序临界计算和模拟深穿透屏蔽问题的计算效率。

7.2　研　究　展　望

在本书的基础上,建议后续开展的工作包括以下内容。

(1) 严格简化球谐函数法的数值解法及其共轭理论研究。本书编制的堆芯计算程序 NLSP3 求解的是传统 SP3 方程,它不具有完备的物理基础,无法给出角通量的表达式,也无法使用先进的不连续因子理论。对严格简化球谐函数法的数值解法进行研究,可以进一步提升 SP3 方程在全堆计算上的精度。本书使用了中子通量构建权窗参数,如果能够对简化球谐函数法的共轭理论进行研究,得到共轭通量,便可进一步提升基于 NLSP3 程序的全局减方差计算效率。

(2) 蒙特卡罗全堆均匀化方法的聚类算法研究。本书的混合蒙特卡罗计算流程中一个很重要的计算步骤是蒙特卡罗全堆均匀化,该步骤通过网格几何统计了全堆尺度中各相空间的均匀化截面。当均匀化区域较多时,会消耗较多的计算时间。采用聚类算法,根据各相空间的特点进行分类,可以减少计算量、抑制振荡。

(3) 对本书开发的 RMC-NLSP3 的混合 MC 框架的深入应用。本书开发的混合 MC 方法区别于传统的堆芯两步法,实现了在蒙特卡罗固定源计算模式下的"全堆均匀化"+"全堆计算"的一步法;区别于裂变矩阵法等混合 MC 方法,严格求解了中子输运方程,在计算精度和数值稳定性上具有明显优势。本书开发的混合 MC 方法可以快速求得全局信息,未来可以利用这些全局信息来加速燃耗计算、加速核热耦合计算、优化敏感性和不确定性分析。

针对上述 3 个问题,作者计划在未来的工作中开展进一步研究。

参 考 文 献

[1] 中国政府网.能源发展战略行动计划(2014—2020 年)[M].北京：中国环境出版
社,2014.

[2] 张慧.解密"华龙一号"[J].能源,2014,4：38-45.

[3] 吴宗鑫.我国高温气冷堆的发展[J].核动力工程,2000,21(1)：39-43.

[4] 蔡翔舟,戴志敏,徐洪杰.钍基熔盐堆核能系统[J].物理,2016,45(9)：578-590.

[5] 何佳闰,郭正荣.钠冷快堆发展综述[J].东方电气评论,2013,27(107)：36-43.

[6] 刘东,李庆,卢宗健,等."华龙一号"设计分析软件包 NESTOR 的研发与应用[J].
中国核电,2017,10(4)：532-536.

[7] 葛炜,杨燕华,刘飒,等.大型先进压水堆核电站关键设计软件自主化与 COSINE
软件包研发[J].中国能源,2016,38(7)：39-44.

[8] WANG K,LI Z G,SHE D,et al. RMC：A Monte Carlo code for reactor core
analysis [J]. Annals of Nuclear Energy,2015,82：121-129.

[9] WANG K,LIU S C,LI Z G,et al. Analysis of BEAVRS two-cycle benchmark
using RMC based on full core detailed model[J]. Progress in Nuclear Energy,
2017,98：301-312.

[10] CARTER L L,CASHWELL E D. Particle transport simulation with the Monte
Carlo method[R]. Oak Ridge：USERDA Technical Information Center,1975.

[11] X-5 MONTE CARLO TEAM. MCNP-a general Monte Carlo n-particle transport
code[R]. 5th ed. Los Alamos：Los Alamos National Laboratory,2003.

[12] ARMISHAW M J,DAVIES N,BIRD A J. The answers code MONK：A new
approach to scoring,tracking,modelling and visualization[C]//Proceedings of 9th
International Conference on Nuclear Criticality Safety,2011.

[13] LEPPÄNEN J. Serpent-a continuous-energy Monte Carlo reactor physics burnup
calculation code[M]. VTT Technical Research Centre of Finland,2012.

[14] 邓力,雷炜,李刚,等.高分辨率粒子输运 MC 软件 JMCT 开发[J].核动力工程,
2014,35(S2)：221-223.

[15] 俞盛朋,吴斌,宋婧,等.SuperMC 在中子学建模中的应用[J].核科学与工程,
2016,36(1)：84-87.

[16] PAN Q Q,WANG K. An adaptive variance reduction algorithm based on RMC
code for solving deep penetration problems[J]. Annals of Nuclear Energy,2019,
128：171-180.

[17] HUANG B S,MA Y G. A photonuclear reaction model based on IQMD in intermediate energy region[J]. Chinese Physics Letters,2017,34(7): 59-63.

[18] 潘清泉,王侃,李昊,等. 基于 RMC 程序的用康普顿轮廓进行束缚态电子多普勒展宽修正研究[J]. 原子能科学技术,2018,52(7): 1232-1236.

[19] THOMAS B,JOHN H. Importance estimation in forward Monte Carlo calculations[J]. Transactions of the American Nuclear Society, 1984, 5 (1): 90-100.

[20] SHI T,MA J M,HUANG H,et al. A new global variance reduction technique based on pseudo flux method[J]. Nuclear Engineering and Design,2017,324: 18-26.

[21] PAN Q Q,RAO J J,WANG K,et al. The optimal source biased method based on RMC code[J]. Annals of nuclear energy,2018,121: 525-530.

[22] ENGLE W. A one-dimensional discrete ordinates transport code with anisotropic scattering ANISN[R]. Oak Ridge: Oak Ridge National Lab,1967.

[23] RHOADES W A,CHILDS R L. The DORT two-dimensional discrete ordinates transport code[J]. Nuclear Science and Engineering,1988,99(1): 88-89.

[24] RHOADES W A,CHILDS R L. The TORT three-dimensional discrete ordinates neutron/photon transport code[R]. Oak Ridge: Oak Ridge National Laboratory, 1987.

[25] JOHN C W,ALIREZA H. Automatic variance reduction for Monte Carlo shielding calculations using the discrete ordinates adjoint function[J]. Nuclear Science and Engineering,2005,149: 186-209.

[26] JOHN C W. FW-CADIS method for global and regional variance reduction of Monte Carlo radiation transport calculations[J]. Nuclear Science and Engineering, 2014,176: 37-57.

[27] ZHENG Z,MEI Q L,DENG L. Study on variance reduction technique based on adjoint discrete ordinate method[J]. Annals of Nuclear Energy, 2018, 112: 374-382.

[28] 杨超,程汤培,邓力,等. 三维并行程序 JSNT 对 HBR-2 装置的屏蔽计算与分析[J]. 原子能科学技术,2019,53(2): 250-255.

[29] 许淑艳. 蒙特卡罗方法在实验核物理中的应用[M]. 北京: 原子能出版社,2006.

[30] GUPTA H C. Importance biasing scheme for use with the expectation estimator in deep-penetration problems[J]. Annals of Nuclear Energy,1984,11: 283-288.

[31] BOTH J P,NIMAL J C,VERGNAUD T. Automated importance generation and biasing techniques for Monte Carlo shielding techniques by the TRIPOLI-3 code [J]. Progress in Nuclear Energy,1990,24: 273-281.

[32] TURNER S A. Automatic variance reduction for Monte Carlo simulations via the local importance function transform[R]. Los Alamos: Los Alamos National

Laboratory,1996.

[33] PAN Q Q,WANG K. An adaptive variance reduction algorithm based on RMC code for solving deep penetration problems[J]. Annals of Nuclear Energy,2019, 128: 171-180.

[34] MACDONALD J L,CASHWELL E D. The application of articial intelligence techniques to the acceleration of Monte Carlo transport calculations[R]. Los Alamos: Los Alamos National Laboratory,1978.

[35] DEUTSCH,CARTER L L. Simulation global calculation of flux and importance with forward Monte Carlo[C]//Proceedings of 5th Conference of Reactor Sheilding,Knoxville,USA,1977.

[36] GOLDSTEIN M,GREENSPAN E. A recursive Monte Carlo method for estimating importance function distributions in deep-penetration problems[J]. Nuclear Science and Engineering,1980,76: 308-322.

[37] BRANTLEY P S,LARSEN E W. The simplifed P3 approximation[J]. Nuclear Science and Engineering,2000,134: 1-21.

[38] YU L L,LU D,CHAO Y A. The calculation method for SP3 discontinuity factor and its application[J]. Annals of Nuclear Energy,2014,69: 14-24.

[39] CHAO Y A. A new SPN theory formulation with self-consistent physical assumptions on angular flux[J]. Annals Nuclear Energy,2016,87: 137-144.

[40] CHAO Y A. A new and rigorous SPN theory for piecewise homogeneous regions[J]. Annals Nuclear Energy,2017,96: 112-125.

[41] DAVISON B. Neutron transport theory[M]. London: Oxford University Press, 1957.

[42] DAVISON B. Spherical harmonics method for neutron transport theory problems with incomplete symmetry[J]. Canada Journal of Physics,1958,36: 462-475.

[43] POMRANING G C. Asymptotic and variational derivations of the simplified PN equations[J]. Annals of Nuclear Energy,1993,20: 623-637.

[44] SOUBHIK C,NATARAJAN S. Buffon's needle problem revisited[J]. Resonance, 1998.

[45] 中山大学数学系. 概率论及数理统计[M]. 北京: 人民教育出版社,1979.

[46] FRIGERIO N A,CLARK N,TYLER S. Toward truly random numbers[R]. Argonne: Argonne National Laboratory,1978.

[47] HAMED R,MAJID B,HASSAN H. Improving middle square method rng using chaotic map[J]. Applied Mathematics,2011,2: 482-486.

[48] LEHMER D H. Mathematical methods in large scale computing methods[J]. Annals of the Computation Laboratory of Harvard University,1951,26: 141-146.

[49] FORSTER R A,LITTLE R C,HENDRICKS J S. MCNP capabilities for nuclear well logging calculations[J]. IEEE Transactions on Nuclear Science,1990,37(3):

1378-1385.

[50] BOOTH T E. A sample problem for variance reduction in MCNP [R]. Los Alamos: Los Alamos National Laboratory,1985.

[51] KELLY D J,SUTTON T M,WILSON S C. MC21 analysis of the nuclear energy agency Monte Carlo performance benchmark problem[C]//Proceedings of American Nuclear Society Topical Meeting on Reactor Physics,2012.

[52] 潘清泉,饶俊杰,王侃.蒙特卡罗临界计算能量偏移的最佳源偏移方法[J].原子能科学技术,2018.

[53] BOOTH T E,KELLEY K C,MCCREADY S S. Monte Carlo variance reduction using nested DXTRAN spheres[J]. Nuclear Technology,2009,168(3): 765-767.

[54] 聂星辰,李佳,赵平辉.深穿透屏蔽计算中 MCNP 减方差技巧应用及比较[J].核电子与探测技术,2016,36(7): 729-741.

[55] WIJK A J,EYNDE A J,Hoogenboom J E. An easy to implement global variance reduction procedure for MCNP [J]. Annals of Nuclear Energy, 2011, 38: 2496-2503.

[56] WIJK A J. A priori efficiency calculations for Monte Carlo applications in neutron transport[D]. Delft: Delft University of Technology,2010.

[57] DAVIS A,TURNER A. Comparison of global variance reduction techniques for Monte Carlo radiation transport simulations of ITER[J]. Fusion Engineering and Design,2011,86(9): 2698-2700.

[58] ZHENG Z,WANG M Q,LI H, et al. Application of a 3D discrete ordinates: Monte Carlo coupling method to deep-penetration shielding calculation [J]. Nuclear Engineering and Design,2018,326: 87-96.

[59] ZHENG Z,MEI Q L,DENG L. Application of a global variance reduction method to HBR-2 benchmark[J]. Nuclear Engineering and Design,2018,326: 301-310.

[60] SIMAKOV S P,LI J,FISCHER U. Radiation deep penetration calculations for the IFMIF test cell wall[J]. Fusion Engineering and Design, 2010, 85 (10): 1924-1927.

[61] CHEN Y X,FISCHER U. Program system for three-dimensional coupled Monte Carlo-deterministic shielding analysis with application to the accelerator-based IFMIF neutron source[J]. Nuclear Instruments and Methods in Physics Research, 2005,A (551): 387-395.

[62] 韩静茹,陈义学,袁龙军,等.三维离散纵标-蒙特卡罗耦合系统 TDOMINO 开发与验证[J].原子能科学技术,2014,48(9): 1621-1626.

[63] 肖锋,应栋川,章春伟,等.离散纵标与蒙特卡罗耦合方法在反应堆屏蔽计算中的应用[J].核动力工程,2014,35(5): 9-12.

[64] WU Z Y,HANY S. Hybrid biasing approaches for global variance reduction[J]. Applied Radiation and Isotopes,2013,72: 83-88.

[65] LEE M J,JOO H G,LEE D,et al. Multigroup Monte Carlo reactor calculation with coarse mesh finite difference formulation for real variance reduction[R]. Oak Ridge：Oak Ridge National Laboratory,2010.

[66] 孙光耀.中子光子输运物理过程蒙特卡罗处理方法研究[D].合肥：中国科学技术大学,2014.

[67] PAN Q Q,WANG K. The deep-coupling and preprocessed photon transport based on RMC code[C]. Proceedings of 26th International Conference on Nuclear Engineering,2018.

[68] CULLEN D E,HUBBELL J H. EPDL97：The evaluated photon data library [R]. Livermore：Lawrence Livermore National Laboratory,1997.

[69] DUMOND J W. Compton modified line structure and its relation to the electron theory of solid bodies[J]. Physics Review,1929,33：643-658.

[70] KINSEY R. Data formats and procedures for the evaluated nuclear data files-ENDF[R]. Upton：Brookhaven national laboratory,1979.

[71] EVERETT C J,CASHWELL E D. MCP code fluorescence routine revision[R]. Los Alamos：Los Alamos National Laboratory,1973.

[72] CHILTON A B,SHULTIS J K,Faw R E. Principles of radiation shielding[M]. Englewood Cliffs：Prentice-Hall Incorporated,1984.

[73] GELBARD E M,PRAEL R E. Monte Carlo work at Argonne National Laboratory[R]. Argonne：Argonne National Laboratory,1974.

[74] CARTER L L. Particle-transport simulation with the Monte Carlo method[R]. Oak Ridge：USERDA Technical Information Center,1975.

[75] FAN X,ZHANG G H,WANG K. Development of new variance reduction methods based on weight technique in RMC code [J]. Progress in Nuclear Energy,2016,90：197-203.

[76] SATO S,NISHITANI T. A study on variance reduction of Monte Carlo calculation with weight window generated by density reduction method[J]. Nuclear Science and Technology,2007,6：5-9.

[77] REMEC I,KAM F B K. H. B. Robinson-2 pressure vessel benchmark[R]. Oak Ridge：Oak Ridge National Laboratory,1997.

[78] DAVID S M,WILLIAM I N. Statistics：Concepts and controversies [M]. San Francisco：W. H. Freeman & Company,2008.

[79] NEASE B,BROWN F B,UEKI T. Dominance ratio calculations with MCNP [C]. Proceedings of American Nuclear Society Topical Meeting on Reactor Physics,2008.

[80] 徐森林,薛春华,金亚东.数学分析[M].北京：清华大学出版社,2005.

[81] GELBARD E M,PRAEL R. Computation of standard deviations in Eigenvalue calculations[J]. Progress in Nuclear Energy,1990,24(1)：237-241.

［82］ UEKI T,BROWN F B. Stationarity modeling and informatics-based diagnostics in Monte Carlo criticality calculations［J］. Nuclear Science and Engineering,2005, 149(1):38-50.

［83］ 姚端正,梁家宝. 数学物理方法［M］. 北京:科学出版社,2013.

［84］ YU L L,LU D,CHAO Y A. The calculation method for SP3 discontinuity factor and its application［J］. Annals of Nuclear Energy,2014,69:14-24.

［85］ PAN Q Q,LU H L,LI D S,et al. The rigorous SP3 theory and study on its numerical verification ［C］. Proceedings of 25th International Conference on Nuclear Engineering,2017.

［86］ BERKERT C,GRUNDMANN U. Development and verification of a nodal approach for solving the multigroup SP3 equations［J］. Annals of Nuclear Energy, 2008,35:75-86.

［87］ SMITH K S. Nodal method storage reduction by nonlinear iteration［J］. Transactions of American Nuclear Society,1983,44:265-266.

［88］ ZIMIN V G,NINOKATA H. Nodal neutron kinetics model based on nonlinear iteration procedure for LWR analysis［J］. Annals of Nuclear Energy,1998,25: 507-515.

［89］ 潘清泉,卢皓亮,蔡利,等. SP3 方程的非线性迭代解法研究［J］. 核动力工程, 2017,38(3):38-42.

［90］ PAN Q Q,HU H L,LI D S,et al. A new nonlinear iterative method for SPN theory［J］. Annals of Nuclear Energy,2017,110:920-927.

［91］ BRANTLEY P S,LARSEN E W. The simplified P3 approximation［J］. Nuclear Science Engineering. 2000,134:1-21.

［92］ STEPANEK J,AUERBACH T. Calculation of four thermal reactor benchmark problems in X-Y geometry ［R］. Palo Alto: Electric Power Research Institute,1983.

［93］ TAKEDA T,IKEDA H. 3D neutron transport benchmarks ［R］. Osaka: Osaka University,1991.

［94］ HEBERT A. DRAGON5 and DONJON5: The contribution of ecole polytechnique de montreal to the SALOME platform［J］. Annals of Nuclear Energy,2016,87: 12-20.

［95］ HIDEKI T,YASUSHI M. Accuracy of interpolation methods for resonance self-shielding factors［J］. Nuclear Science and Technology,1981,18(2):152-161.

［96］ PETROVIC I,BENOIST P. BN theory: Advances and new models for neutron leakage calculation［M］. New York: Plenum Press,1996.

［97］ WON J H,CHO N Z. Discrete ordinates method-like transport computation with equivalent group condensation and angle-collapsing for local/global iteration［J］. Annals of Nuclear Energy,2011,38(4):846-852.

［98］ SMITH M A,LEWIS E E,NA B C. Benchmark on deterministic transport calculations without spatial homogenization-a 2D/3D MOX fuel assembly benchmark［R］. Tech. Rep. NEA/NSC/DOC 16,OECD/NEA,2003.

［99］ PAN Q Q,WANG K. Acceleration method of fission source convergence based on RMC code［J］. Nuclear Engineering and Technology,2020,52(7): 1347-1354.

［100］ PANG Q Q,ZHANG T,LIU X,et al. SP3-Coupled global variance reduction methed based on RMC code［J］. Nuclear Science and Techniques,2021,32: 122.

在学期间发表的学术论文

[1] **PAN Q Q**,LU H L,LI D S,et al. A new nonlinear iterative method for SPN theory [J]. Annals of Nuclear Energy,2017,110：920-927.

[2] **PAN Q Q**,RAO J J,WANG K,et al. The optimal source bias method based on RMC code[J]. Annals of Nuclear Energy,2018,121：525-530.

[3] **PAN Q Q**,LU H L,LI D S,et al. The differences between the two forms of semi-analytical nodal method on solving the SP3 equation[J]. Nuclear Engineering and Radiation Science,2018,4：1-6.

[4] **PAN Q Q**,WANG K. An adaptive variance reduction algorithm based on RMC code for solving deep penetration problems[J]. Annals of Nuclear Energy,2019,128：171-180.

[5] **PAN Q Q**,WANG K. One-step Monte Carlo global homogenization based on RMC code[J]. Nuclear Engineering and Technology,2019,51：1209-1217.

[6] **PAN Q Q**,RAO J J,WANG K,et al. Improved adaptive variance reduction algorithm based on RMC code for solving deep penetration problems [J]. Annals of Nuclear Energy,2020,137：1-8.

[7] **PAN Q Q**,WANG K. Acceleration method of fission source convergence based on RMC code[J]. Nuclear Engineering and Technology,2020,52(7)：1347-1354.

[8] **PAN Q Q**,LU H L,LI D S,et al. Study on semi-analytical nodal method for solving SP3 equation[C]. Proceedings of 25th International Conference on Nuclear Engineering,2017.

[9] **PAN Q Q**,LU H L,LI D S,et al. The rigorous SP3 theory and study on its numerical verification[C]. Proceedings of 25th International Conference on Nuclear Engineering,2017.

[10] **PAN Q Q**,WANG K. The deep-coupling and preprocessed photon transport based on RMC code [C]. Proceedings of 26th International Conference on Nuclear Engineering,2018.

[11] **PAN Q Q**,RAO J J,WANG K. The predictive-correction method for solving deep penetration problems[J]. Transactions of the American Nuclear Society,2018,119：1083-1087.

[12] **潘清泉**,卢皓亮,蔡利,等. SP3 方程的非线性迭代解法研究[J]. 核动力工程,2017,38(3)：38-42.

［13］ **潘清泉**,王侃,李昊,等.基于 RMC 程序的用康普顿轮廓进行束缚态电子多普勒展宽修正研究[J].原子能科学技术,2018,52(7)：1231-1236.

［14］ **潘清泉**,饶俊杰,王侃.蒙特卡罗临界计算能量偏移的最佳源偏移方法[J].原子能科学技术,2019,53(7)：1153-1159.

［15］ **潘清泉**,王侃.基于 RMC 求解深穿透问题的能量偏倚减方差方法[J].核动力工程,2020,41(1)：1-6.

致　　谢

衷心感谢导师王侃教授在这五年里对我的精心指导,谨以本书报答师恩。五年里,老师对我精心呵护,悉心栽培,为我提供了提升技能和开阔视野的平台,让我没有后顾之忧,可以安心科研,教会了我科研的方法和态度,让我这样一个"傻小子"开始有了人生奋斗的目标,对未来有了想象。我的老师为我树立了榜样,是我人生奋斗的灯塔。这五年的博士研究生学习,改变了我的一生,老师的言传身教将使我终身受益,我也将终生侍您为师。

感谢余纲林老师、黄善仿老师、施工老师等多位老师的帮助和指导。感谢 REAL 团队所有同学的帮助和支持,陪伴我度过五年博士研究生生涯。

感谢在中国广核集团有限公司研究院为期一年的联合培养期间,我的联合导师李冬生老师和卢皓亮老师对我的帮助和指导;感谢在瑞典皇家理工学院为期一年的联合培养期间,我的联合培养导师 Jan Dufek 教授对我的帮助和指导。

感谢我的父母、女朋友和所有关心帮助我的亲人朋友们。

2020 年 5 月 20 日

附录 A   HBR2 屏蔽计算基准题

    HBR2 基准题是国际知名的屏蔽计算基准题,该基准题来源于一座真实的反应堆堆芯,堆芯外围的屏蔽层具有深穿透特性,对于屏蔽计算方法的验证很有代表性。HBR2 基准题的物理模型是西屋公司设计的 2300 MW 商用压水堆,由卡罗莱纳电力和照明公司于 1971 年开始运行。HBR2 基准题的堆芯由 157 个燃料组件构成,堆芯外围是燃料包壳、压力容器、安全壳、热屏蔽层和生物屏蔽层。图 A-1 给出了 HBR2 基准题的径向几何示意图;图 A-2 给出了 HBR2 基准题的轴向几何示意图;表 A-1 和表 A-2 给出了 HBR2 基准题各种结构材料的组成成分和密度。

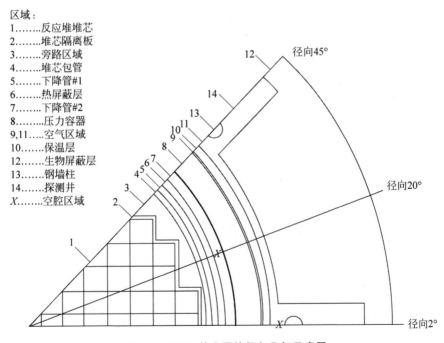

图 A-1   HBR2 基准题的径向几何示意图

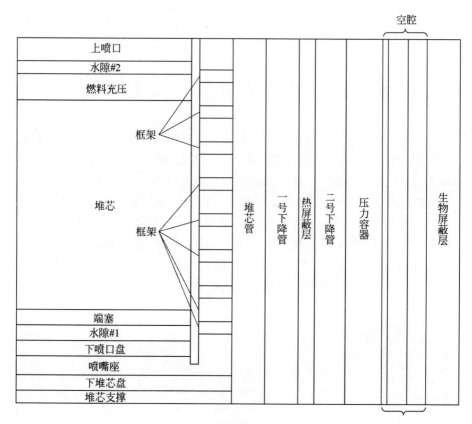

图 A-2　HBR2 基准题的轴向几何示意图

表 A-1　HBR2 基准题各种结构材料的组成成分　　　　　%

元素	A533B 碳钢	SS-304 不锈钢	铬合金	锆合金	混凝土
Fe	97.90	69.00	7.00	0.50	3.82
Ni	0.55	10.00	73.00		
Cr		19.00	15.00		
Mn	1.30	2.00			
C	0.25				1.0
Ti			2.50		
Si			2.50		34.09
Zr				97.91	
Sn				1.59	
Ca					4.40

续表

元素	A533B 碳钢	SS-304 不锈钢	铬合金	锆合金	混凝土
K					1.31
Al					3.43
Mg					0.22
Na					1.62
O					50.50
H					0.51

表 A-2　HBR2 基准题各种结构材料的密度　　　　　g/cm^3

A553B 碳钢	SS-304 不锈钢	铬合金	铝合金	混凝土
7.83	8.03	8.3	6.56	2.275

附录 B 堆芯计算程序 NLSP3 的使用说明

堆芯计算程序 NLSP3 目前支持三维非均匀的矩形网格,图 B-1 给出了 NLSP3 的计算区域坐标取向。

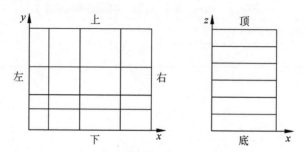

图 B-1 堆芯计算程序 NLSP3 的坐标轴取向

堆芯计算程序 NLSP3 使用格式化输入输出,其中输入文件名为 in. dat,输出文件名为 out. dat。输入卡的格式如下。

卡片 1:输入文件标题 (A80)
卡片 2:输入文件备注信息(A80)
卡片 3:计算条件总控信息
    堆芯维数(I4)
    X 方向的最大材料数(I4)
    Y 方向的最大材料数(I4)
    Z 方向的最大材料数(I4)
    材料类型数(I4)
    能群数(I4)
    是否考虑上散射(I4)
    是否使用不连续因子(I4)

内迭代最大次数(I4)

外迭代最大次数(I4)

是否输出输入数据(I4)

材料曲率(E12.6)

卡片 4：计算条件收敛准则

是否做源外推(E12.6)

是否做 W 加速(E12.6)

非线性迭代收敛准则(E12.6)

源迭代收敛准则(E12.6)

Keff 收敛准则(E12.6)

内迭代收敛准则(E12.6)

卡片 5：边界条件

依次(I4)：$X+,Y+,X-,Y-,Z+,Z-=0$(真空边界)$=1$(全反射)$=3$(零通量)

卡片 6：材料区域几何划分(I2,IX,E10.4,IX)

从左至右输入 X 方向各区节块划分数和区域宽度,成对输入;

从上至下输入 Y 方向各区节块划分数和区域宽度,成对输入;

从顶至底输入 Z 方向各区节块划分数和区域宽度,成对输入。

卡片 7：材料分布图(I4)

从上到下输入各行材料区首末材料位置,从左至右输入材料号;

从底到顶输入各行材料区首末材料位置,从左至右输入材料号。

卡片 8：材料截面数据(E12.6,1X)

逐群输入总截面、吸收截面、有效裂变、任意值、散射截面和裂变谱。

卡片 9：材料不连续因子(E12.6,1X)

逐材料、逐群输入不连续因子。

以 3D-TAKEDA 快堆基准题控制棒全提起工况为例,给出 NLSP3 的输入卡。

3D-TAKEDA BENCHMARK PROBLEM

(3D,1/4CORE)

```
3  14 14  4 5 4  0 0 6 3 0
    0      1 1 0
 0 0   0
 0     1.0E-4  0  1.0E-4  0.0  1.0E-5  1.0E-4
 1  5.0 1  5.0 1  5.0 1  5.0 1  5.0 1  5.0
 1  5.0 1  5.0 1  5.0 1  5.0 1  5.0 1  5.0
 1  5.0 1  5.0 1  5.0 1  5.0 1  5.0
 1  5.0 1  5.0 1  5.0 1  5.0 1  5.0 1  5.0
 1  5.0 1  5.0 1  5.0 1  5.0 1  5.0 1  5.0
 1  5.0 1  5.0 1  5.0 1  5.0 1  5.0
 4  20.0 11 55.0 11 55.0 4 20.0
 1 14  2 2 2 2 2 2 2 2 2 2
 1 14  2 2 2 2 2 2 2 2 2 2
 1 14  2 2 2 2 2 2 2 2 2 2
 1 14  3 2 2 2 2 2 2 2 2 2
 1 14  3 3 2 2 2 2 2 2 2 2
 1 14  3 3 3 2 2 2 2 2 2 2
 1 14  3 3 3 3 2 2 2 2 2 2
 1 14  3 3 3 3 3 2 2 2 2 2
 1 14  3 3 3 3 3 3 2 2 2 2
 1 14  3 3 3 3 3 3 3 2 2 2
 1 14  3 3 3 3 3 3 3 3 2 2
 1 14  3 3 3 3 3 3 3 3 3 2
 1 14  3 3 3 3 3 3 3 3 3 2
```

续表

3D-TAKEDA BENCHMARK PROBLEM

1	14	3	3	3	3	3	3	3	3	3	3	3	2	2
1	14	3	3	3	5	5	3	3	3	3	3	3	2	2
1	14	2	2	2	2	2	2	2	2	2	2	2	2	2
1	14	2	2	2	2	2	2	2	2	2	2	2	2	2
1	14	2	2	2	2	2	2	2	2	2	2	2	2	2
1	14	1	1	2	2	2	2	1	1	1	2	2	2	2
1	14	1	1	1	2	2	1	1	1	1	2	2	2	2
1	14	1	1	1	2	1	1	1	1	1	1	2	2	2
1	14	1	1	1	1	1	1	1	1	1	1	1	2	2
1	14	1	1	1	1	1	1	1	1	1	1	1	1	2
1	14	1	1	1	1	1	1	1	1	1	1	1	1	2
1	14	1	1	1	1	1	1	1	1	1	1	1	1	2
1	14	1	1	1	1	1	1	1	1	1	1	1	1	2
1	14	1	1	1	1	1	1	1	1	1	1	1	1	1
1	14	1	1	1	1	1	1	1	1	1	1	1	1	1
1	14	1	1	1	5	5	1	1	1	1	1	1	1	1
1	14	2	2	2	2	2	2	2	2	2	2	2	2	2
1	14	2	2	2	2	2	2	2	2	2	2	2	2	2
1	14	2	2	2	2	2	2	2	2	2	2	2	2	2
1	14	1	1	2	2	2	2	2	2	2	2	2	2	2

续表

3D-TAKEDA BENCHMARK PROBLEM

1 14	1	1	1	1	1	1	2	2	2	2	2
1 14	1	1	1	1	1	1	2	2	2	2	2
1 14	1	1	1	1	1	1	2	2	2	2	2
1 14	1	1	1	1	1	1	2	2	2	2	2
1 14	1	1	1	1	1	1	1	2	2	2	2
1 14	1	1	1	1	1	1	1	2	1	2	2
1 14	1	1	1	1	1	1	1	2	1	2	2
1 14	1	1	1	1	1	1	1	1	1	2	2
1 14	1	1	1	1	1	1	1	1	1	1	2
1 14	1	1	1	1	5	5	5	1	1	2	2
1 14	2	2	2	2	2	2	2	2	2	2	2
1 14	2	2	2	2	2	2	2	2	2	2	2
1 14	2	2	2	2	2	2	2	2	2	2	2
1 14	3	2	2	2	2	2	2	2	2	2	2
1 14	3	3	3	2	2	2	2	2	2	2	2
1 14	3	3	3	3	3	3	2	2	2	2	2
1 14	3	3	3	3	3	3	3	3	2	2	2
1 14	3	3	3	3	3	3	3	3	3	3	2
1 14	3	3	3	3	3	3	3	3	3	3	2
1 14	3	3	3	3	3	3	3	3	3	3	2
1 14	3	3	3	3	3	3	3	3	3	3	2
1 14	3	3	3	3	3	3	3	3	3	3	2

3D-TAKEDA BENCHMARK PROBLEM

```
1 14  3 3 3 3 3 3 3 3 3 3 2 2
1 14  3 3 3 3 3 3 3 3 3 2 2 2
1 14  3 3 3 3 3 3 3 5 5 3 2 2
1
1.14568E-01  7.45551E-03  2.06063E-02  7.04326E-02  3.47967E-02  1.88282E-03  0.0
2.05177E-01  3.52540E-03  6.10571E-03  0.0          1.95443E-01  6.20863E-03  7.07208E-07
3.29381E-01  7.80136E-03  6.91403E-03  0.0          0.0          3.20586E-01  9.92975E-04
3.89810E-01  2.74496E-02  2.60689E-02  0.0          0.0          0.0          3.62360E-01
       0.583319      0.405450      0.011231      0.0
2
1.19648E-01  7.43283E-03  1.89496E-02  6.91158E-02  4.04132E-02  2.68621E-03  0.0
2.42195E-01  1.99906E-03  1.75265E-04  0.0          2.30626E-01  9.57027E-03  1.99571E-07
3.56476E-01  6.79036E-03  2.06978E-04  0.0          0.0          3.48414E-01  1.27195E-03
3.79433E-01  1.58015E-02  1.13451E-03  0.0          0.0          0.0          3.63631E-01
       0.583319      0.405450      0.011231      0.0
3
1.16493E-01  5.35418E-03  1.31770E-02  7.16044E-02  3.73170E-02  2.21707E-03  0.0
2.20521E-01  1.48604E-03  1.26026E-04  0.0          2.10436E-01  8.59855E-03  6.68299E-07
3.44544E-01  5.35300E-03  1.52380E-04  0.0          0.0          3.37506E-01  1.68530E-03
3.88356E-01  1.34694E-02  7.87302E-04  0.0          0.0          0.0          3.74886E-01
       0.583319      0.405450      0.011231      0.0
```

续表

3D-TAKEDA BENCHMARK PROBLEM

4

1.84333E-01	5.97628E-03	0.0	0.0	1.34373E-01	4.37775E-02	2.06054E-04	0.0
3.66121E-01	1.76941E-02	0.0	0.0	0.0	3.18582E-01	2.98432E-02	8.71188E-07
6.15527E-01	8.82741E-02	0.0	0.0	0.0	0.0	5.19591E-01	7.66209E-03
1.09486E+00	4.76591E-01	0.0	0.0	0.0	0.0	0.0	6.10265E-01
0.583319	0.405450	0.011231					

5

6.58979E-02	3.10744E-04	0.0	0.0	4.74407E-02	1.76894E-02	4.57012E-04	0.0
1.09810E-01	1.13062E-04	0.0	0.0	0.0	1.06142E-01	3.55466E-03	1.77599E-07
1.86765E-01	4.48988E-04	0.0	0.0	0.0	0.0	1.85304E-01	1.01280E-03
2.09933E-01	1.07518E-03	0.0	0.0	0.0	0.0	0.0	2.08858E-01
0.583319	0.405450	0.011231					

附录 C　　3D-TAKEDA 快堆输运基准题

3D-TAKEDA 快堆输运基准题由日本大阪大学于 1988 年提出，目前作为三维中子输运基准题，在国际得到了广泛的应用。图 C-1 给出了 3D-TAKEDA 快堆输运基准题的几何结构。表 C-1、表 C-2、表 C-3、表 C-4 和表 C-5 给出了 3D-TAKEDA 快堆输运基准题各材料区的截面参数。表 C-6 给出了 3D-TAKEDA 快堆输运基准题的裂变中子能谱。

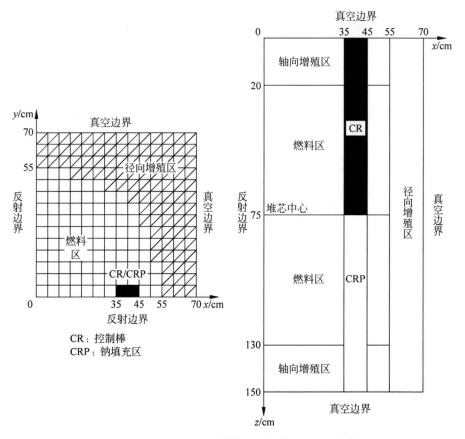

图 C-1　3D-TAKEDA 快堆输运基准题的几何结构

表 C-1   3D-TAKEDA 快堆输运基准题的燃料区的截面信息

能群 g	1	2	3	4
$\Sigma_a/\mathrm{cm}^{-1}$	7.45551E−03	3.52420E−03	7.80136E−03	2.74496E−02
$\nu\Sigma_f/\mathrm{cm}^{-1}$	2.06063E−02	6.10571E−03	6.91403E−03	2.60689E−02
$\Sigma_t/\mathrm{cm}^{-1}$	1.14568E−01	2.05177E−01	3.29381E−01	3.89810E−01
$\Sigma_{s,g-1}/\mathrm{cm}^{-1}$	7.04326E−02	0	0	0
$\Sigma_{s,g-2}/\mathrm{cm}^{-1}$	3.47967E−02	1.95443E−01	0	0
$\Sigma_{s,g-3}/\mathrm{cm}^{-1}$	1.88282E−03	6.20823E−03	3.20586E−01	0
$\Sigma_{s,g-4}/\mathrm{cm}^{-1}$	0	7.07208E−07	9.92975E−04	3.62360E−01

表 C-2   3D-TAKEDA 快堆输运基准题的径向增殖区的截面信息

能群 g	1	2	3	4
$\Sigma_a/\mathrm{cm}^{-1}$	7.43283E−03	1.99906E−03	6.79036E−03	1.58015E−02
$\nu\Sigma_f/\mathrm{cm}^{-1}$	1.89496E−02	1.75265E−04	2.06978E−04	1.13451E−03
$\Sigma_t/\mathrm{cm}^{-1}$	1.19648E−01	2.42195E−01	3.56476E−01	3.79433E+00
$\Sigma_{s,g-1}/\mathrm{cm}^{-1}$	6.91158E−02	0	0	0
$\Sigma_{s,g-2}/\mathrm{cm}^{-1}$	4.04132E−02	2.30626E−01	0	0
$\Sigma_{s,g-3}/\mathrm{cm}^{-1}$	2.68621E−03	9.57027E−03	3.48414E−01	0
$\Sigma_{s,g-4}/\mathrm{cm}^{-1}$	0	1.99571E−07	1.27195E−03	3.63631E−01

表 C-3   3D-TAKEDA 快堆输运基准题的轴向增殖区的截面信息

能群 g	1	2	3	4
$\Sigma_a/\mathrm{cm}^{-1}$	5.35418E−03	1.48604E−02	5.35300E−03	1.34694E−02
$\nu\Sigma_f/\mathrm{cm}^{-1}$	1.31770E−02	1.26026E−04	1.52380E−04	7.87302E−04
$\Sigma_t/\mathrm{cm}^{-1}$	1.16493E−01	2.20521E−01	3.44544E−01	3.88356E+00
$\Sigma_{s,g-1}/\mathrm{cm}^{-1}$	7.16044E−02	0	0	0
$\Sigma_{s,g-2}/\mathrm{cm}^{-1}$	3.73170E−02	2.10436E−01	0	0
$\Sigma_{s,g-3}/\mathrm{cm}^{-1}$	2.21707E−03	8.59855E−03	3.37506E−01	0
$\Sigma_{s,g-4}/\mathrm{cm}^{-1}$	0	6.68229E−07	1.68530E−03	3.74886E−01

表 C-4   3D-TAKEDA 快堆输运基准题的控制棒的截面信息

能群 g	1	2	3	4
$\Sigma_a/\mathrm{cm}^{-1}$	5.97628E−03	1.76941E−02	8.82741E−02	4.76591E−01
$\nu\Sigma_f/\mathrm{cm}^{-1}$	0	0	0	0
$\Sigma_t/\mathrm{cm}^{-1}$	1.84333E−01	3.66121E−01	6.15527E−01	1.09486E+00
$\Sigma_{s,g-1}/\mathrm{cm}^{-1}$	1.343737E−01	0	0	0

续表

能群 g	1	2	3	4
$\Sigma_{s,g-2}/\mathrm{cm}^{-1}$	4.37775E−02	3.18582E−01	0	0
$\Sigma_{s,g-3}/\mathrm{cm}^{-1}$	2.06054E−04	2.98432E−02	5.19591E−01	0
$\Sigma_{s,g-4}/\mathrm{cm}^{-1}$	0	8.71188E−07	7.66209E−03	6.10265E−01

表 C-5　3D-TAKEDA 快堆输运基准题的钠填充区的截面信息

能群 g	1	2	3	4
$\Sigma_{a}/\mathrm{cm}^{-1}$	3.10744E−04	1.13062E−04	4.489988E−04	1.07518E−03
$\nu\Sigma_{f}/\mathrm{cm}^{-1}$	0	0	0	0
$\Sigma_{t}/\mathrm{cm}^{-1}$	6.50979E−02	1.09810E−01	1.86765E−01	2.09933E−01
$\Sigma_{s,g-1}/\mathrm{cm}^{-1}$	4.74407E−02	0	0	0
$\Sigma_{s,g-2}/\mathrm{cm}^{-1}$	1.76894E−02	1.06142E−01	0	0
$\Sigma_{s,g-3}/\mathrm{cm}^{-1}$	4.57012E−04	3.55466E−03	1.85304E−01	0
$\Sigma_{s,g-4}/\mathrm{cm}^{-1}$	0	1.77599E−07	1.01280E−03	2.08858E−01

表 C-6　3D-TAKEDA 快堆输运基准题的裂变中子能谱

能群 g	1	2	3	4
能谱	0.583 319	0.405 450	0.011 231	0